KB252377

메이크업의
시작과
끝은
립

#LIPS
#LIKE
#ME
립 라이크 미

Prologue

#01

안녕하세요!
여러분, 씬님입니다.

2012년 4월 유튜브 채널을 시작한 후로 영상을 통해 메이크업 튜토리얼을 선보였습니다.
이렇게 지면으로 만나니 색다르고 설레네요.
이번 책은 라뮤끄 언니와 함께해 더 의미 있었습니다. 언니는 2011년 한 방송 프로그램에서 만나
'뷰티 크리에이터'라는 새로운 업계에 첫발을 내딛고 성장해온 가장 절친한 동료입니다.
서로 의지하는 소중한 친구이자 누구보다 똑똑한 비즈니스 멘토, 남은 인생의 동반자 같은 느낌입니다.
《립스 라이크 미》는 '라뮤끄와 씬님에게 같은 색의 립스틱을 내밀었을 때 어떤 메이크업을
보여줄까'라는 아이디어에서 출발했습니다. 각자 10가지 립 컬러를 자유롭게 해석하고 그에
어울리는 20가지 룩을 제안합니다. 우리는 많은 것을 공유하지만 취향이 아주 다릅니다.
좋아하는 컬러, 옷 입는 방법, 말투와 행동, 메이크업 영상 스타일까지. 언니는 어떤 튜토리얼을
만들지, 어떤 스타일링을 할 지 상상하며 저만의 룩을 창조하는 건 무척이나 흥미로웠습니다.
그래서 더욱 열심히 작업했습니다.
사실 난관이 많았어요. 어두운 색을 좋아하고 분홍색을 싫어하는 고집 센 저에게 '핫핑크'와
'베이비핑크'는 끔찍하게 난감했다고 할까. 마치 싫어하는 전공 수업 과제를 받은 것 같았습니다.
그러나 '베이비핑크x씬님' 조합을 기다리고 있을 나의 짓궂은 100만 구독자를 위해 이 과제를
해결해야만 했습니다. 그리고 의외로! 결과물은 아주 만족스러웠습니다. 이 책에서 가장 예쁘게
나온 룩 중 하나로 꼽을 정도로요.
이 책에는 채널에서 보여주지 못한 립 컬러와 매치된 룩이 무려 10가지나 들어 있습니다.
제 채널을 구독 중이라면 사진과 글로 메이크업을 감상하는 아날로그 감성을 느낄 수 있을 겁니다.
한 자 한 자 꼭꼭 눌러 적은 손편지 같은 느낌이랄까! 영상은 생동감 있고 리얼하지만 속도가 빨라
따라 하기 어려울 수 있습니다. 책을 보며 나만의 페이스에 맞춰 메이크업 해보세요. 물론 유튜브
채널을 구독하지 않는 독자들은 이 책을 정독한 뒤 유튜브에 '씬님'을 검색해 영상으로도 만났으면
좋겠습니다.
김태현 오빠, 조현지 쌤, 김은하 님, 박피디, 샒이, 그리고 힘들고 바쁜 인생, 마감에 쫓겨 밤을
샐 정도로 원고 작업이 힘들기도 했지만 함께 달려준 라뮤끄 언니에게 고마운 마음을 전합니다.
마지막으로 이 책을 즐겁게 읽어줄 나의 100만 팬들에게 사랑을 전합니다!

@ SSINNIM

#02

안녕하세요! 라뮤끄예요.

수많은 화장품 중 가장 좋아하는 품목을 고르라면 단연 '립' 입니다. 평소에는 거의 민낯으로 생활하지만 립 제품은 빼먹지 않아요. 립 하나면 얼굴에 간단하게 생기를 불어넣을 수 있고 다양한 분위기를 연출할 수 있으니까요. 립스틱 매력에 푹 빠지다 보니 다양한 색상의 립스틱을 모으는 게 취미가 되었어요. 남들이 바르지 않는 색상을 찾아 바르는 걸 즐기는 자칭, 타칭 '립덕후'가 되었습니다.

그런 제게 10가지 립 컬러를 선정하고 자유롭게 해석해 저만의 룩을 만드는 건 정말 신나는 일이었습니다. 특히 씬님과 함께 해 더욱 의미 있었지요. 유튜버로서 라뮤끄는 여성스럽고 특이한 색을 좋아하며 비포 애프터가 확실한 '성형 메이크업'을 선호하는 이미지일 거예요. 씬님은 아이덴티티가 확실하고 취향도 뚜렷하지만 상황에 맞게 변신하는 진정한 프로이지요. 이렇게 다른 느낌의 두 사람이 함께 책을 낸다니 과연? 하는 의문을 가질 수 있을 겁니다.

씬님은 제가 아는 유튜브 크리에이터 중 가장 가식 없고 솔직한 사람입니다. 실제로도 영상 속 모습처럼 재밌고 유쾌하며 '잘생쁨'에 멋있는 매력 넘치는 사람이지요. 한편으로 자연인 '박수혜'는 씬님으로 활동할 때 보기 힘든 여성스러움과 어린아이 같이 따뜻하고 순수한 마음, 가족과 친구를 사랑하고 아끼는 의리 있는 모습을 볼 수 있습니다. 이 책에는 '이게 씬님이라고?' 할 만큼 놀라운 변신이 가득합니다.

메이크업을 통해 내가 원하는 스타일로 변신할 수 있다는 것! 너무 신나고 매력적인 일 아닌가요? 메이크업을 구상할 때는 단순히 유행을 쫓기보다 T.P.O에 맞추어 전체적인 스타일링을 고려하는 게 좋아요. 분위기를 상상하면서 메이크업을 하면 마치 주문을 걸며 화장을 하는 느낌이 들고 확실히 결과물도 좋거든요.

특히 립스틱은 다양한 상상을 불러일으키는 마법 같은 아이템이지요. 립 컬러를 바꾸는 것만으로 분위기를 완전히 바꿀 수 있고, 같은 컬러로 전혀 다른 분위기의 반전 메이크업을 할 수 있다는 것, 너무너무 재미있지 않나요?

내게 잘 어울리는 립 컬러를 찾는 것도 중요하지만 다양한 색상을 경험해보고 그 컬러에 맞게는 분위기를 시도하다 보면 미처 몰랐던 자신의 매력을 발견할 수 있을 거라 생각해요.

여러분도 함께 상상해보세요!

이 립스틱을 발랐을 때 나는 어떤 분위기를 자아낼 수 있을까?

이 책이 립스틱 매력에 빠진 사람들이나 메이크업이 어려운 사람들에게 메이크업의 즐거움을 발견하게 하고, 미처 몰랐던 자신의 매력을 찾는 데 도움이 되었으면 하는 바람입니다.

이 책을 위해 함께 달려준 나의 오빠 사진작가 김태현! 늦은 촬영에도 함께해준 헤어 스타일리스트 옥이, 항상 나를 1순위로 도와주는 신사장, 바쁜 일정에도 책에 집중할 수 있게 열심히 해준 라뮤끄 크루, 책의 시작과 끝을 함께했던 김은하 님, 그리고 아끼고 사랑하는 내 인생의 동반자 씬님에게 감사의 마음을 전합니다. 또한 이 책을 낼 수 있게 만들어준 유튜브 구독자들에게도 큰 사랑을 전합니다.

@ LAMUQE

Contents

1
Color

2
Tutorials

· 총 10가지 립스틱 컬러
· 한 가지 컬러 두 가지 반전 메이크업
· 사용한 화장품 리스트(COSMETIC LIST)와
  화장품을 대체할 때 참고할 만한 컬러와
  특징(COLOR LIST) 정리
· 과정 번호 옆에 화장품과 컬러, 특징 표시

Lip Color 1

RED

드레스를 갖춰 입는 공식적인 자리에서 여배우들이 가장 사랑하는 립 컬러로 꼽는 레드.
매력을 한껏 끌어올리면서 드라마틱한 변신이 가능한 컬러이기 때문이지요. 레드 컬러
립스틱을 입술 윤곽을 살려 꽉 채워 바르면 할리우드 고전 영화 속 여배우처럼 글래머러스하고
클래식한 무드가 느껴져요. 개성 넘치는 팜므파탈로 변신하고 싶다면 짙은 스모키 아이에
뱀파이어처럼 물들인 립 메이크업을 시도해보세요.

과감한 스모키 아이와 레드 립을 기본으로 눈썹을 한 올씩 살려서
그려주면 고혹적인 느낌의 메이크업이 완성돼요. 블러셔는 하지 않고
보송하고 결점 없는 피부 표현에 충실해 창백하고 신비로운 뱀파이어와
같은 분위기를 연출했어요.

COSMETIC
LIST

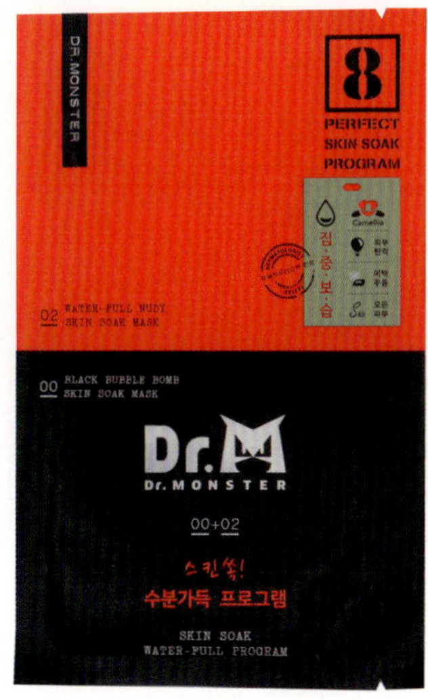

01 닥터몬스터 워터풀 누디 스킨쏙 마스크

02 03 05 슈에무라 커버 크레용 #7YR, #애프리콧 샌드

04 어반디케이 얼티밋 오존 멀티퍼포즈
프라이머 펜슬

12 언프리티랩스타 씬스틸러 롱테이크
브로카라 #02 크림아몬드

09 토니모리 이지터치 젤
아이라이너 #01 블랙

06 페리페라 잉크래스팅 민트 쿠션 #03 샌드

07 어반디케이 문더스트 아이섀도 팔레트

10 유니콘 래시 마제스틱 AF

13 어반디케이 바이스
립스틱 # 에프밤

11 언프리티랩스타 씬스틸러 아트필름
래시 #04 언더토이

08 슈에무라 아이래시
컬러 뷰러

COLOR
LIST

01 시트가 얇고 얼굴에 밀착이
잘되는 마스크팩

02 피부보다 한 톤 밝은 펜슬
컨실러

03 피부보다 한 톤 어두운 펜슬
컨실러

04 투명 펜슬 프라이머

05 밝고 채도가 높은 펜슬 컨실러

06 보송한 마무리감의 쿠션 팩트

07 펄이 강한 카키그레이 아이섀도

08 뷰러

09 블랙 젤 아이라이너

10 볼륨감이 있고 길이가 길며
숱이 많은 매우 드라마틱한
인조속눈썹

11 언더래시 전용 인조속눈썹

12 옐로 베이스의 황토색 아이브로
마스카라

13 레드 립스틱

BASE & EYE

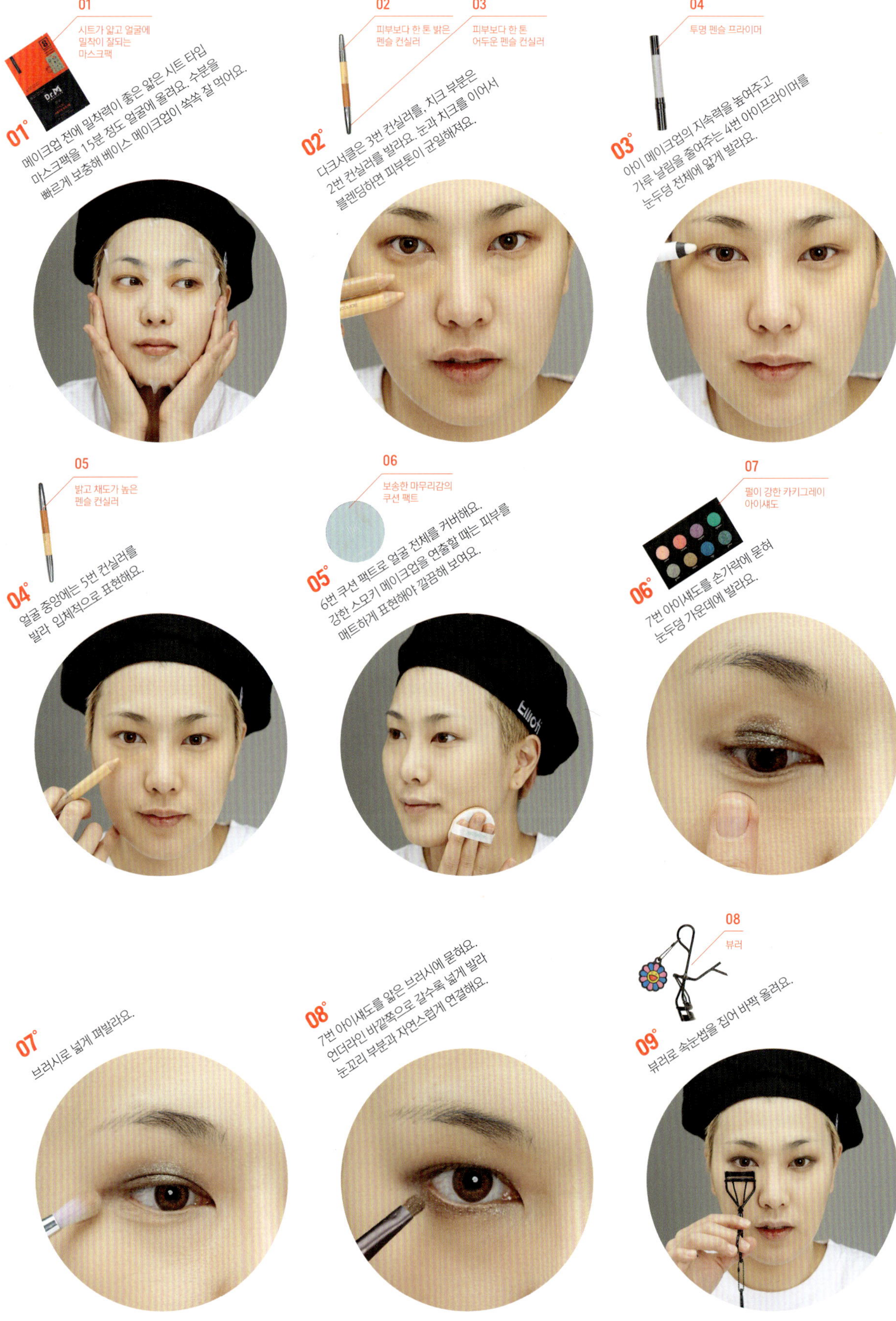

01

시트가 얇고 얼굴에
밀착이 잘되는
마스크팩

01°
메이크업 전에 밀착력이 좋은 얇은 시트 타입
마스크팩을 15분 정도 얼굴에 올려요. 수분을
빠르게 보충해 베이스 메이크업이 쓱쓱 잘 먹어요.

02
피부보다 한 톤 밝은
펜슬 컨실러

03
피부보다 한 톤
어두운 펜슬 컨실러

02°
다크서클은 3번 컨실러를, 치크 부분은
2번 컨실러를 발라요. 눈과 치크를 이어서
블렌딩하면 피부톤이 균일해져요.

04
투명 펜슬 프라이머

03°
아이 메이크업의 지속력을 높여주고
가루 날림을 줄여주는 4번 아이프라이머를
눈두덩 전체에 얇게 발라요.

05
밝고 채도가 높은
펜슬 컨실러

04°
얼굴 중앙에는 5번 컨실러를
발라 입체적으로 표현해요.

06
보송한 마무리감의
쿠션 팩트

05°
6번 쿠션 팩트로 얼굴 전체를 커버해요.
강한 스모키 메이크업을 연출할 때는 피부를
매트하게 표현해야 깔끔해 보여요.

07
펄이 강한 카키그레이
아이섀도

06°
7번 아이섀도를 손가락에 묻혀
눈두덩 가운데에 발라요.

07°
브러시로 넓게 펴발라요.

08
뷰러

08°
7번 아이섀도를 얇은 브러시에 묻혀요.
언더라인 바깥쪽으로 갈수록 넓게 발라
눈꼬리 부분과 자연스럽게 연결해요.

09°
뷰러로 속눈썹을 집어 바짝 올려요.

EYE & LIP

RED

09
블랙 젤
아이라이너

10° 9번 젤 아이라이너로 속눈썹 사이 점막을 꼼꼼히 채우며 아이라인을 그려요. 다른 손으로 브러시를 잡고 뒷부분을 이용해 눈두덩을 당겨주면 쉽게 바를 수 있어요.

11° 같은 젤 아이라이너로 아이라인을 도톰하게 그리고 눈꼬리는 날렵하게 빼요.

12° 젤 아이라이너는 어느 정도 자연스럽게 블렌딩 되는 장점이 있어요.

13° 젤 아이라이너 위에 카키그레이 아이섀도를 덧바르면 자연스럽게 섞이며 번짐을 막아주는 효과가 있어요.

10
볼륨감이 있고 길이가 길며 숱이 많은 매우 드라마틱한 인조속눈썹

14° 10번 인조속눈썹을 붙여 과감한 눈매를 연출해요.

11
언더래시 전용 인조속눈썹

15° 11번 인조속눈썹을 몇 가닥 잘라서 아랫 속눈썹 눈꼬리 쪽이 풍성해지게 붙여요.

12
옐로 베이스의 황토색 아이브로 마스카라

16° 12번 아이브로 마스카라로 눈썹을 빗어요. 결을 살려 거칠게 표현해요.

13
레드 립스틱

17° 레드 립스틱을 입술 주름을 그대로 살려 입술 안쪽으로 갈수록 짙게 발라요. 버건디 섀도를 섞어 바르면 더 드라마틱하게 표현할 수 있어요.

#LIPS #LIKE #ME
RED
16

RED

GLAMOROUS MAKEUP

@ LAMUQE

펄이 은은하게 빛나면서 입체감을 살린 아이 메이크업과
고혹적인 레드 립의 만남으로 글래머러스한 매력을 살렸어요.
레드 립스틱을 바를 때는 잡티를 꼼꼼히 보정하고 피부톤을
화사하게 살려야 고급스러워요. 아랫입술을 본래 입술선보다
더 크게 채워서 도톰하게 강조하면 훨씬 섹시한 느낌이 들어요.

COSMETIC LIST

02 랑콤 뗑 미라클 내추럴 라이트
크리에이터 #p-01

10 클리오 킬브로 콘테 파우더 키트

04 05 루나 아이팔레트 런웨이 시티
컬렉션 인 서울

12 삐아 라스트 블러시
#04 코랄블라섬

13 아리따움 모노아이즈
#98 레디투웨어

01 이니스프리 노세범 코렉팅
쿠션 #02 크림퍼플

09 림멜 스캔달아이즈
아이라이너 펜슬 #005 누드

06 삐아 라스트 펜 아이라이너
#01 샤픈블랙

14 아워글라스 엠비언트
하이라이터

11 이니스프리 아이 컨투어링 스틱 엣지
#4 향긋 헤이즐넛 초콜릿

15 어반디케이 바이스
립스틱 #에프밤

08 페리페라 잉크 블랙 카라 롱세팅

07 페어리 래시 #A03

03 손앤박 커스텀 커버 컨실러 키트

COLOR LIST

01 퍼플 코렉팅 쿠션

02 밝은 상아색 파운데이션

03 피부와 비슷한 톤의 컬러

04 오렌지빛 음영 아이섀도

05 시머한 펄감의 짙은 브라운
아이섀도

06 블랙 펜 아이라이너

07 앞쪽은 많이 짧고 뒤쪽으로
갈수록 길어지는 인조속눈썹

08 블랙 마스카라

09 누드 펜슬 아이라이너

10 젤 타입 브라운 아이브로

11 짙은 브라운 스틱 셰딩

12 피치핑크 블러셔

13 샴페인펄 아이섀도

14 투명한 펄감의 하이라이터

15 레드 립스틱

BASE & EYE

01 퍼플 코렉팅 쿠션

01° 1번 쿠션을 얼굴 전체에 발라
피부톤을 깨끗하고 투명하게
보정해요.

02 밝은 상아색
파운데이션

02° 2번 파운데이션을 얼굴 전체에
도포하고 부드러운 모질의 큰 브러시로
쓱쓱 쓸어서 얇게 펴발라요.

03 피부와 비슷한
톤의 컬러

03° 3번 컨실러를 브러시에 묻혀 눈 아래
다크서클과 볼 앞부분을 꼼꼼히 커버해요.

04 오렌지빛 음영 아이섀도

04° 4번 아이섀도를 브러시에 묻혀요.
눈두덩 전체에 바른 다음 눈꼬리에서 눈썹
끝부분까지 사선으로 발라 음영을 넣어요.

05° 눈 아래쪽 애교살 부분에도
발라 눈꼬리에서 자연스럽게
연결해요.

05 시머한 펄감의 짙은
브라운 아이섀도

06° 5번 아이섀도를 눈꼬리에서 사선으로 바르며
마름모꼴을 만들어 깊이감을 더해주세요. 4번과 같은
브러시로 블렌딩해 경계를 자연스럽게 표현해요.

07° 5번 아이섀도를 브러시에 묻혀 아랫속눈썹
아래쪽에 타원형을 그리며 가볍게 발라 눈
밑이 트여 보이게 만들어요.

08° 아이섀도를 눈꼬리에서 눈썹 끝부분까지
사선으로 그려요. 음영을 살려 입체감 있는
눈매를 표현했어요.

EYE & CONTOURING

CHEEK & EYE & CONTOURING & LIP

12 피치핑크 블러셔

18° 12번 블러셔를 브러시에 묻혀 옆광대에서 입꼬리 방향까지 사선으로 길게 쓸며 넓게 발라요.

13 샴페인펄 아이섀도

19° 13번 아이섀도를 눈 앞머리에 발라요. 눈 아래 점막 라인과 밑트임 라인이 분리되면서 눈매가 훨씬 깔끔해 보여요.

14 투명한 펄감의 하이라이터

20° 14번 하이라이터를 브러시에 묻혀 눈 아래 C존을 쓸어요.

21° 광대 그림자 아랫부분도 쓸어요.

22° 이마와 콧등을 쓸어 볼륨감을 줘요.

23° 앞턱에도 쓸어요.

24° 입술산과 인중에도 쓸어 투명하게 빛나는 피부를 완성해요.

15 레드 립스틱

25° 클래식한 레드 립스틱을 입술 전체에 발라요.

Lip Color 2

PEACH CORAL

살구색, 산호색이라 불리는 피치코랄 컬러는 얼굴에 생기를 더하고 노란 피부를 환하게 보정하는 효과가 있어요. 치크나 립에 포인트를 주면 과일의 즙이 톡 터질 것 같은 싱그러운 '과즙상' 메이크업이 완성되지요. 또한 얼굴 전체에 부드럽고 따뜻한 인상을 주어 내추럴한 데일리 메이크업으로도 아주 좋답니다.

PEACH CORAL

DATE MAKE UP

@ LAMUQE

피부는 촉촉하게 표현하고 볼은 오렌지 컬러로 물들여요.
눈꼬리를 둥글게 올려 귀여운 눈매를 만들고 애교살을
핑크펄로 환하게 밝혀주면 데이트 메이크업 완성! 피치
립스틱을 볼륨감 있게 발라주면 더욱 사랑스러워 보여요.

COSMETIC LIST

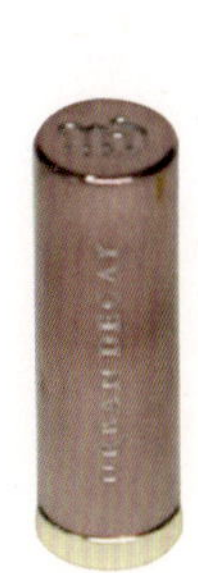

12 어반디케이 바이스
립스틱 #와이어드

06 페리페라 잉크 컬러 카라 볼륨 세팅
#2 블랙에스프레소

08 클리오 킬브로 콘테 파우더 키트

01 어퓨 원더 텐션 팩트
모이스트 #21

04 삐아 라스트 펜 아이라이
너 #02 샤픈브라운

07 페리페라 잉크 피팅 섀도
#13 솜사탕얌얌

03 페리페라 잉크 피팅 섀도
#20 인생드라마

02 페리페라 잉크 피팅 섀도
#3 모닝토스트

09 10 질스튜어트 믹스
블러셔 콤팩트
#04 캔디오렌지

05 아리따움 아이돌래시 내추럴 라인
#15 핑크버건디 10mm

11 클리오 스틱 섀딩 & 하이라이터

13 클리오 킬커버 프로 아티스트
리퀴드 컨실러 #03 리넨

COLOR LIST

01 촉촉한 타입의 텐션 팩트
02 웜톤 음영 아이섀도
03 홍차색 아이섀도
04 브라운 펜 아이라이너
05 자연스러운 모양의 핑크 버건디
인조속눈썹

06 브라운 마스카라
07 샴페인 핑크펄 아이섀도
08 밝은 브라운 브로 파우더
09 노란색 블러셔
10 주황색 블러셔
11 밝은 브라운 섀딩

12 피치 립스틱
13 밝은 상아색 컨실러

BASE & EYE

01
촉촉한 타입의 텐션 팩트

02
원톤 음영 아이섀도

03
홍차색 아이섀도

01° 1번 텐션 팩트를 얼굴에 꼼꼼히 발라요.

02° 2번 아이섀도를 브러시에 묻혀 눈두덩과 애교살에 발라요.

03° 3번 아이섀도를 브러시에 묻혀 아이홀 안쪽에 발라요.

04
브라운 펜 아이라이너

05
자연스러운 모양의 핑크 버건디 인조속눈썹

04° 언더 속눈썹 뿌리 라인에도 발라 붉은빛을 더해요.

05° 4번 아이라이너로 눈꼬리를 둥글게 올리며 아이라인을 그려요.

06° 5번 인조속눈썹을 붙여 여린 눈매를 표현해요.

06
브라운 마스카라

07
샴페인 핑크펄 아이섀도

07° 6번 마스카라를 속눈썹에 발라요. 아랫속눈썹에도 꼼꼼히 발라요.

08° 7번 아이섀도를 브러시에 묻혀 애교살에 올려요.

09° 눈두덩 중앙에도 살살 올려요.

EYE & CHEEK & CONTOURING & LIP

08 밝은 브라운 브로 파우더

10° 8번 아이브로를 내장브러시에 묻혀 눈썹을 따라 그려요.

09 노란색 블러셔 **10** 주황색 블러셔

11° 9번, 10번 블러셔를 섞어 브러시에 묻혀요. 볼 안쪽 중앙에 둥글게 퍼지는 모양으로 발라요.

11 밝은 브라운 섀딩

12° 11번 스틱 섀딩을 얼굴 바깥쪽과 콧방울, 콧대에 그어요.

13° 블렌딩 브러시로 코를 쓸어요. 얼굴은 작고 갸름하게 보이고 코는 오똑해 보여요.

14° 모가 둥글고 납작하며 촘촘하고 부드러운 브러시로 매끄럽게 쓸어요.

06 브라운 마스카라

15° 6번 마스카라로 눈썹결을 따라 쓸어요. 눈썹이 또렷하고 풍성하며 결이 살아나면서 내추럴한 분위기를 낼 수 있어요.

12 피치 립스틱

16° 피치 립스틱을 입술선보다 약간 더 크게 발라요.

13 밝은 상아색 컨실러

17° 13번 컨실러를 입술 바깥 라인에 톡톡 찍어 발라요.

18° 브러시로 그래데이션해요. 입술선을 넘는 부분이 자연스러워지면서 볼륨감이 살아나요.

BOY IDOL
MAKEUP

@SSINNIM

사랑스러운 피치 컬러 본연의 매력을 잘 살린
메이크업이에요. 눈두덩과 눈썹, 볼에 피치와 브라운
컬러를 자연스럽게 입히고 코랄 컬러 립스틱을 볼륨감
있게 바르면 따뜻하고 선한 인상의 데일리 메이크업이
되지요. 좀 더 또렷한 인상을 주고 싶다면 양면 쌍꺼풀
테이프를 본래 쌍꺼풀 라인보다 조금 더 위에 붙여
도톰한 쌍꺼풀 라인을 만들어요.

COSMETIC LIST

0102 정샘물 아티스트 컨실러 팔레트 #스킨

080910 VDL 엑스퍼트 컬러 아이 북 6.4 #01

03 어딕션 스킨케어 파운데이션 #02 마들렌

04 페리페라 잉크래스팅 민트 쿠션 #02 베이지

06 투쿨포스쿨 아트클래스 바이로댕

13 어반디케이 바이스 립스틱 #와이어드

15 더샘 에코 소울 파워프루프 초슬림 아이라이너 #BR03 테디브라운

12 베네피트 프리사이슬리 마이 브로 펜슬 #02 라이트

11 메이크업포에버 글리터 라이너 #핑크

14 디업 원더 아이리드 쌍꺼풀 테이프

07 클레드포보테 2016 홀리데이 레자네폴 컬렉션 아이컬러 팔레트

05 컬러팝 더블립 와틀스

COLOR LIST

01 피부보다 한 톤 어두운 컨실러
02 피부보다 한 톤 밝은 컨실러
03 피부와 비슷한 톤의 파운데이션
04 피부보다 한 톤 밝은 쿠션
05 시머한 펄감의 베이지 아이섀도
06 붉은빛이 약간 도는 자연스러운 그림자색 셰딩
07 피치 시머 아이섀도
08 로즈브라운 아이섀도
09 진한 브라운 아이섀도
10 붉은빛이 많이 도는 브라운버건디 아이섀도
11 리퀴드 글리터 핑크펄
12 브라운 아이브로 펜슬
13 코랄 립스틱
14 양면 쌍꺼풀 테이프
15 브라운 펜슬 아이라이너

BASE & CONTOURING & EYE

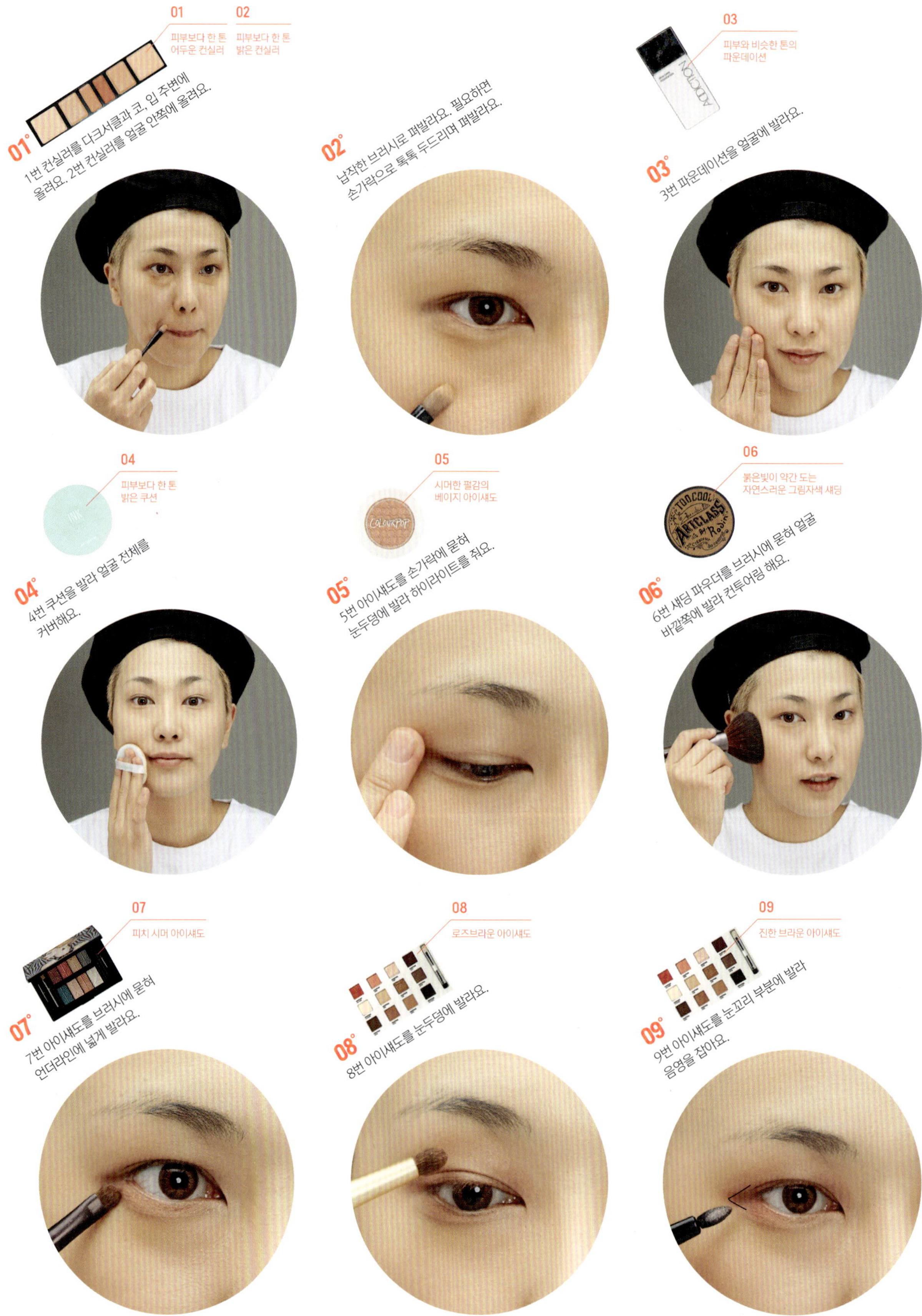

01 피부보다 한 톤 어두운 컨실러

02 피부보다 한 톤 밝은 컨실러

03 피부와 비슷한 톤의 파운데이션

01° 1번 컨실러를 다크서클과 코, 입 주변에 올려요. 2번 컨실러를 얼굴 안쪽에 올려요.

02° 납작한 브러시로 펴발라요. 필요하면 손가락으로 톡톡 두드리며 펴발라요.

03° 3번 파운데이션을 얼굴에 발라요.

04 피부보다 한 톤 밝은 쿠션

05 시머한 펄감의 베이지 아이섀도

06 붉은빛이 약간 도는 자연스러운 그림자색 섀딩

04° 4번 쿠션을 발라 얼굴 전체를 커버해요.

05° 5번 아이섀도를 손가락에 묻혀 눈두덩에 발라 하이라이트를 줘요.

06° 6번 섀딩 파우더를 브러시에 묻혀 얼굴 바깥쪽에 발라 컨투어링 해요.

07 피치 시머 아이섀도

08 로즈브라운 아이섀도

09 진한 브라운 아이섀도

07° 7번 아이섀도를 브러시에 묻혀 언더라인에 넓게 발라요.

08° 8번 아이섀도를 눈두덩에 발라요.

09° 9번 아이섀도를 눈꼬리 부분에 발라 음영을 잡아요.

EYE & LIP

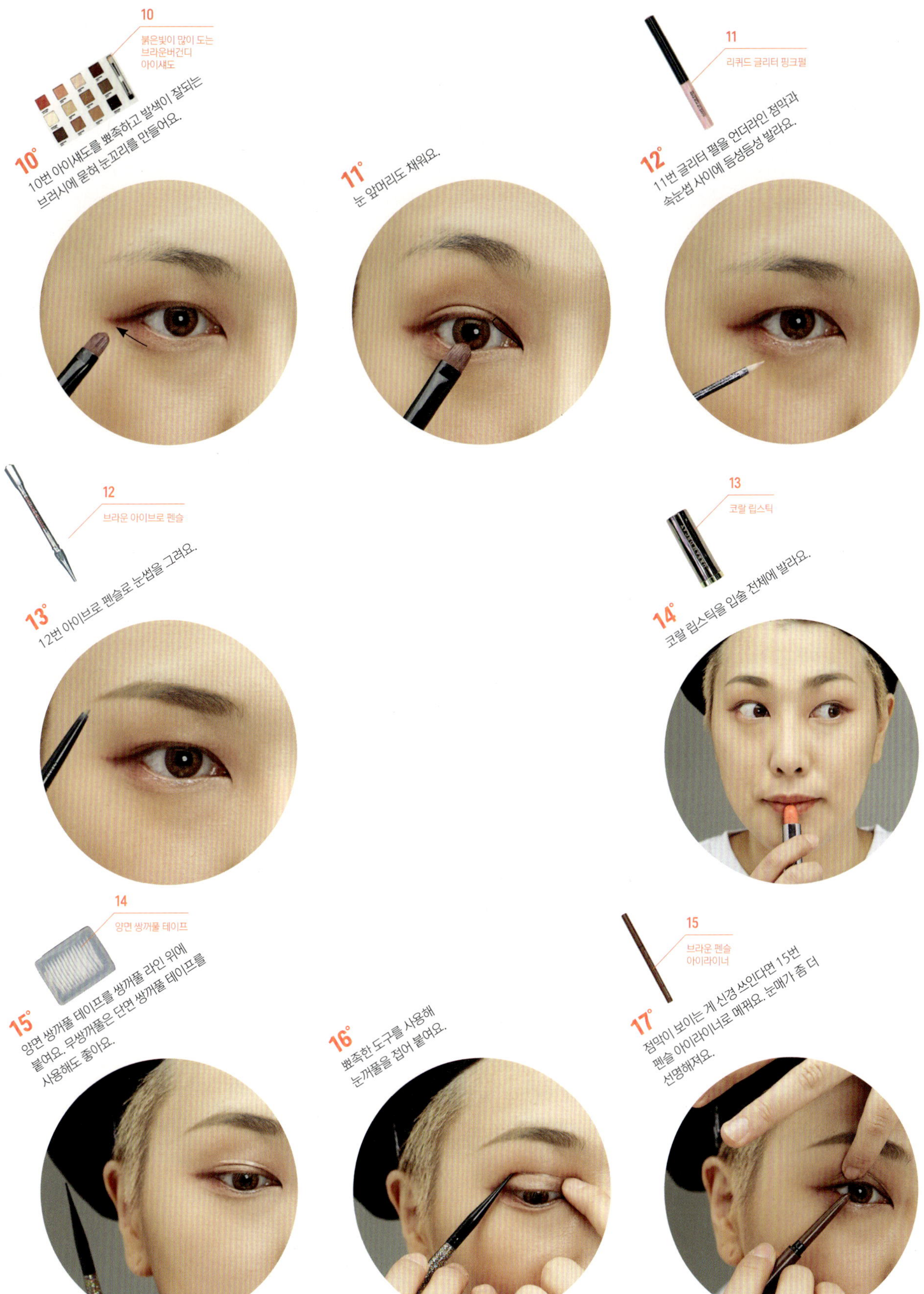

10 붉은빛이 많이 도는 브라운버건디 아이섀도

10° 10번 아이섀도를 뾰족하고 발색이 잘되는 브러시에 묻혀 눈꼬리를 만들어요.

11° 눈 앞머리도 채워요.

11 리퀴드 글리터 핑크펄

12° 11번 글리터 펄을 언더라인 점막과 속눈썹 사이에 듬성듬성 발라요.

12 브라운 아이브로 펜슬

13° 12번 아이브로 펜슬로 눈썹을 그려요.

13 코랄 립스틱

14° 코랄 립스틱을 입술 전체에 발라요.

14 양면 쌍꺼풀 테이프

15° 양면 쌍꺼풀 테이프를 쌍꺼풀 라인 위에 붙여요. 무쌍꺼풀은 단면 쌍꺼풀 테이프를 사용해도 좋아요.

16° 뾰족한 도구를 사용해 눈꺼풀을 접어 붙여요.

15 브라운 펜슬 아이라이너

17° 점막이 보이는 게 신경 쓰인다면 15번 펜슬 아이라이너로 메꿔요. 눈매가 좀 더 선명해져요.

10 Lipstick Colors

RED

클래식한 섹시함을 연출하는 최고의 컬러 레드. 매끈하고 뽀얗게 연출한 피부에 레드 립스틱을 꽉 채워 바르는 것만으로 매력적이지요. 매트한 제형을 입술선보다 약간 더 크게 바르면 여배우 같은 고전적인 섹시함을 표현할 수 있어요. 또한 촉촉한 제형의 글로시한 레드 립스틱 하나만 발라도 피부톤이 밝고 화사해 보여요. 바쁜 아침 퀵 메이크업을 위한 비밀병기가 되어줍니다.

PEACH CORAL

연한 핑크와 오렌지, 베이지가 오묘하게 섞인 피치 립스틱은 동양인의 노란 피부톤을 밝게 보정하면서 내추럴한 느낌을 줘 데일리 립스틱으로 사랑받는 아이템이지요. 코랄빛 블러셔로 생기를 주고 피치코랄 립스틱을 입술 전체에 바르면 차분하고 사랑스러운 느낌을 연출할 수 있어요. 물기를 머금은 듯 글로시하게 연출하면 상큼한 '과즙상 메이크업'으로 건강한 동안 느낌이 나요.

NUDE BEIGE

누드 립은 우아하고 여성스러운 매력을 줍니다. 자칫 창백하거나 아파 보일 수 있으니 블러셔로 혈색을 더하거나 아이 메이크업에 힘을 주세요. 연한 베이지나 피부색과 비슷한 누드톤 립스틱을 바르면 부드럽고 따뜻한 인상을 줄 수 있고 핑크가 가미된 누드 컬러를 선택하면 화사한 분위기를 낼 수 있어요.

BROWN

초콜릿처럼 달콤 쌉싸름한 느낌의 립 컬러 브라운. 한때는 런웨이에서나 볼 법한 과감한 컬러였지만 SNS에서 뷰티 셀럽들이 다크한 컬러를 활용한 다양한 스타일을 선보이면서 뷰티 마니아들의 핫 아이템으로 자리 잡았어요. 뱀파이어나 마녀처럼 퇴폐미가 물씬 풍기는 다크한 입술로 개성 있고 농밀한 메이크업을 연출해보세요.

BABY PINK

베이비핑크는 대중적이면서 질감이나 채도를 어떻게 연출하느냐에 따라 다양한 이미지를 표현할 수 있어요. 립글로스를 덧발라 글로시하게 연출해 입술에 생기를 더하면 로맨틱한 무드의 메이크업이 되고, 과즙이 물든 듯 촉촉하고 내추럴하게 표현하면 순수한 소녀 감성을 살릴 수 있어요. 연한 핑크 립은 스모키 메이크업의 시크한 매력을 살리는 데도 제격이에요.

변치 않은 사랑을 받아온
10가지 립스틱 컬러

HOT PINK

대담하면서 톡톡 튀는 비비드 핫핑크. 핫핑크 립스틱을 입술에 꼼꼼히 채워 바르면 섹시하면서 로맨틱한 원 포인트 메이크업이 완성됩니다. 형광기가 도는 네온 핑크 컬러는 개성 있고 발랄한 무드를 연출해주요. 핫핑크를 입술 전체에 바르기 부담스럽다면 입술 안쪽에만 살짝 터치한 뒤 가볍게 문질러서 그라데이션한 느낌으로 연출해보세요.

ORANGE

산뜻하고 싱그러운 오렌지 컬러는 칙칙한 얼굴을 생기 있게 만들어줘요. 오렌지 컬러는 특히 노란기가 도는 피부를 화사하게 연출해 웜톤 피부를 가진 사람들에게 필수 아이템으로 꼽힙니다. 입술 윤곽을 살려 입술 전체에 바르면 섹시한 분위기를 연출할 수 있고, 글로시한 제품으로 도톰하고 촉촉하게 바르면 상큼하고 에너지 넘치는 동안 메이크업이 완성됩니다. 입술 바깥쪽으로 갈수록 옅어지게 그라데이션하면 웜톤 데일리 메이크업으로도 손색없어요.

BRICK RED

벽돌색 또는 말린 장미색이라고 하는 브릭레드 컬러가 몇 년 사이에 메이크업 마니아들의 머스트 해브 아이템으로 자리 잡았지요. 낮은 채도의 브라운핑크 색상인 브릭레드는 의외로 어떤 피부색에나 잘 어울리고 입술에 발랐을 때 본연의 입술색처럼 자연스러워 보여요. 입술이 두껍거나 하관이 튀어나왔다면 입술 바깥쪽으로 갈수록 옅어지게 그라데이션하듯 바르세요.

BURGUNDY WINE

흑장미처럼 고혹적인 느낌의 버건디 립스틱은 트렌치코트가 잘 어울리는 가을과 연말연시 모임이 많은 겨울에 즐겨 찾는 아이템이지요. 민낯 메이크업에 포인트를 주면 풀 메이크업을 했을 때 못지않게 스타일리시하면서 분위기 있어 보여요. 데일리 메이크업에 활용하고 싶다면 내추럴하게 피부 화장을 한 뒤 버건디 립스틱을 옅게 바르세요.

PURPLE

우아하면서 신비한 느낌의 퍼플. 진하게 입술 전체에 바르면 세련된 섹시함을 연출할 수 있어요. 또한 피부를 창백하게 연출하고 다크한 퍼플 컬러로 립에 포인트를 주면 핼러윈 데이 같은 축제에서 스웨그 넘치는 자유분방한 룩을 완성할 수 있지요. 퍼플 립은 데일리 메이크업에 부담스럽게 느껴질 수 있지만 그라데이션해서 바르거나 핑크 립스틱과 레이어드하면 일상용으로도 손색없어요.

Lip Color 3

NUDE BEIGE

@ SSINNIM

청순하고 지적인 매력에 은근한 섹시함까지 표현해내는 누드 베이지 립스틱! 누디한 입술을
연출할 때는 다른 색조는 최소화하고 눈에 시선이 가게 그윽한 눈매를 연출해보세요. 눈가와
입술에 골드펄을 더해주면 차분하면서도 고급스러운 메이크업이 완성됩니다. 또한 아찔한
속눈썹과 스모키 아이로 눈에 포인트를 주고 누드 립을 도톰하게 바르면 짙고 강한 인상의
스모키 메이크업이 아닌 세련되고 매력적인 배드걸 메이크업이 돼요.

NUDE BEIGE

BROWN SMOKY MAKEUP

@ SSINNIM

자연스러운 컨투어링으로 입체적인 얼굴을 만들고 스모키 아이
메이크업으로 그윽한 눈매를 강조하면 차분하면서도 강렬한 느낌의
누드스모키 메이크업이 돼요. 각질이 도드라지거나 주름이 부각되면
까칠하고 피곤해 보일 수 있으니 메이크업 전에 피부결을 꼼꼼히 정돈하고
보습에 신경써주세요. 누드베이지 립스틱을 바르기 전에 뮤트코럴
아이라이너를 립라이너로 활용해 립라인을 강조하면 입술을 꼼꼼히 채울
수 있고 메이크업이 쉽게 지워지지 않아요.

NUDE BEIGE

COSMETIC LIST

01 코스알엑스 원스텝
핌플 클리어 패드

09 문샷 페이스 퍼펙션
밤 쿠션 #201

10 문샷 페이스 퍼펙션
밤 쿠션 #301

11 더샘 샘물 싱글 블러셔
#BR02 네이키드브라운

12 더페이스샵 듀얼 셰딩 팩트
#01 다크브라운, 베이지브라운

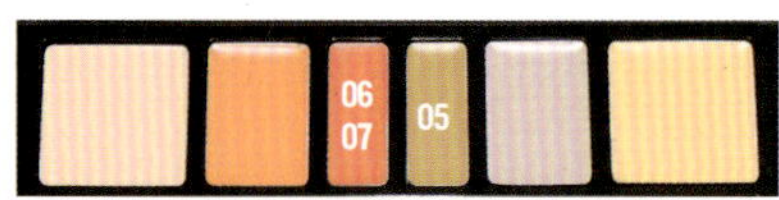

05 06 07 정샘물 아티스트 컨실러 팔레트 #블렌드

14 15 투쿨포스쿨 글램락 베일드 씬
#01 미스테리어스

08 정샘물 아티스트 컨실러 팔레트 #스킨

25 언프리티랩스타 씬스틸러 비하인더 씬

13 로라메르시에 페이스
일루미네이터 파우더 어딕션

26 베네피트 단델리온

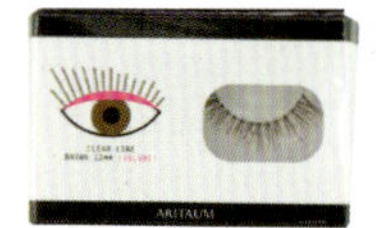

20 아리따움 아이돌래시
BASIC #03 돌리아이

02 슈에무라 딥씨워터
#카모마일

03 더페이스샵 더시그니처
각질 재우는 보습크림

22 메이크업포에버
스타파우더 #11 샴페인

19 메이크업포에버
스타파우더 #972
화이트오렌지

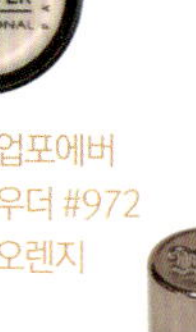

16 네이처리퍼블릭
뷰티 툴 아이래시
뷰러

28 어반디케이
바이스 립스틱
#인새니티

04 바비브라운 엑스트라
페이스 오일

27 페어리드롭스 플래티넘 스태리아이즈 나인투나인 #05 옐로골드

24 베네피트 프레시슬리마이브로우 펜슬 #02 라이트

23 슈에무라 라스팅 소프트 젤 펜슬 #다크브라운

21 키스미 EXO히스카라 #롱앤컬

18 메이블린 하이퍼 샤프 라이너 레이저 프리시전 #인텐스 블랙

17 더샘 에코 소울 파워프루프 초슬림 아이라이너 #BK01 나이트블랙

COLOR LIST

01 각질제거 효과가 있는 패드
02 미스트
03 각질 재우는 보습크림
04 보습 효과가 있는 오일
05 그린톤 컨실러
06 피치톤 컨실러
07 붉은톤 컨실러
08 다크서클과 비슷한 컬러
09 피부보다 밝은 누드 쿠션
10 피부보다 어두운 누드 쿠션
11 붉은빛이 없는 브라운 컨투어링
파우더

12 피부보다 한 톤 어두운 컨투어링
파우더
13 피부보다 한 톤 밝은 하이라이터
14 은은한 회갈색 아이섀도
15 진한 회갈색 아이섀도
16 뷰러
17 블랙 펜슬 아이라이너
18 블랙 붓펜 아이라이너
19 화사한 오렌지 글리터
20 볼륨감 있고 모가 균일하게
배열된 인조속눈썹
21 자주색 마스카라

22 글리터 펄
23 다크브라운 펜슬 아이라이너
24 자연스러운 회갈색 또는 황토색
아이브로
25 붉은빛이 약간 도는 자연스러운
그림자색 컨실러
26 핑크 블러셔
27 저채도의 코랄 아이라이너
28 누드베이지 립스틱

BASE

01° 피부 상태가 안 좋은 날이에요.

01 각질제거 효과가 있는 패드

02° 각질제거 효과가 있는 패드로 입 주변을 피해 코와 양볼을 살살 문질러요.

02 미스트

03° 미스트를 뿌리거나 스킨을 발라 수분을 보충해요.

03 각질 재우는 보습크림

04° 보습크림을 얼굴 전체에 바르고 톡톡 두드리며 흡수시켜요.

04 보습 효과가 있는 오일

05° 보습 효과가 있는 오일을 화장솜에 덜어요.

06° 입술과 입 주변에 올려 각질을 잠재워요. 피부가 전체적으로 촉촉해져요.

05 그린톤 컨실러

07° 5번 컨실러를 브러시에 묻혀 홍조가 있는 코 주변에 발라요. 붉은기가 보색인 그린 컬러와 섞이면 홍조가 완화되면서 피부톤이 정리돼요.

BASE & CONTOURING

CONTOURING & EYE

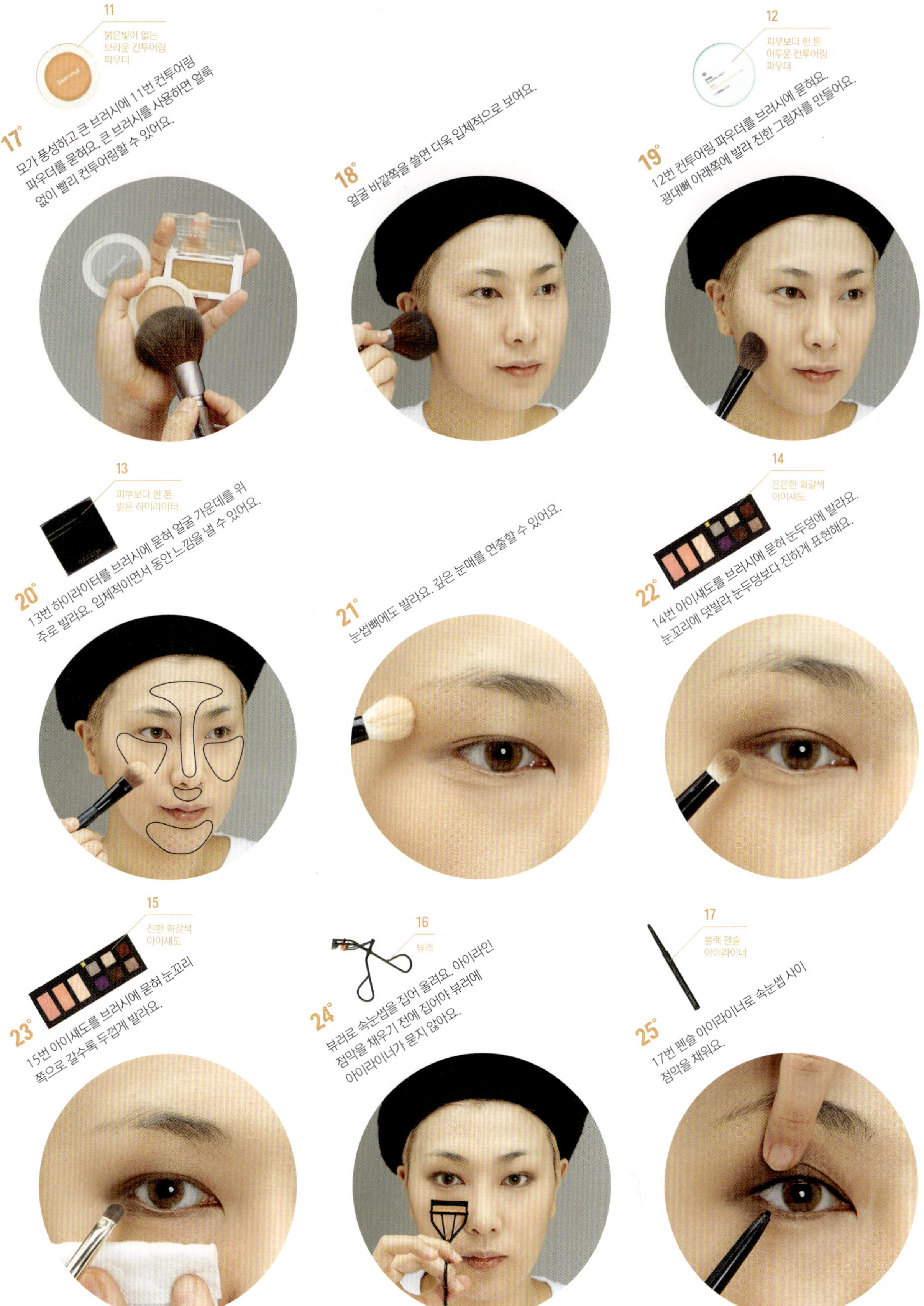

EYE

26° 눈꼬리에 면봉을 대고 아이라인을 살짝
펴바르며 그라데이션해요.

18
블랙 붓펜
아이라이너

27° 18번 붓펜 아이라이너로 눈꼬리를 길게 빼요. 펜슬로
그린 아이라인과 자연스럽게 이어지게 그려요.

19
화사한 오렌지
글리터

28° 눈두덩 중앙에 19번 글리터를 발라 입체감을 줘요.

29° 그윽한 느낌의 스모키 아이가 완성되었어요.

20
볼륨감 있고 모가
균일하게 배열된
인조속눈썹

30° 20번 인조속눈썹을 5mm 간격으로 잘라요.

31° 속눈썹 아래에 붙여요. 인조속눈썹을 잘라서 붙이면
눈을 움직이기 편하고 숱을 조절하기도 쉬워요.

16
뷰러

32° 뷰러로 속눈썹과 인조속눈썹을 함께 집어 올려요.
인조속눈썹은 빨리 꺾이니 힘을 살살 주면서 올려요.

21
자주색 마스카라

33° 21번 마스카라를 뿌리 중심으로 바르며
속눈썹과 인조속눈썹을 이어줘요.

22
글리터 필

34° 22번 필을 브러시에 묻혀 애교살 가운데를
중심으로 넓게 펴발라요.

EYE & CONTOURING & CHEEK & LIP

23
다크브라운 펜슬
아이라이너

35° 23번 펜슬 아이라이너로 눈 앞머리와 눈꼬리
쪽 점막을 채워요. 눈매가 선명해져요.

36° 마스카라로 아랫속 눈썹을 살짝 떡 지는
느낌으로 여러 번 덧발라요.

24
자연스러운 회갈색
또는 황토색 아이브로

37° 24번 아이브로 펜슬로 눈썹을 그려요.

25
붉은빛이 약간 도는
자연스러운 그림자색
컨실러

38° 25번 섀딩을 부드러운 플러피 브러시에 묻혀
콧대를 U자 모양으로 쓸어요. 눈 화장이 강한 만큼
코 섀딩도 깊게 하면 잘 어울려요.

26
핑크 블러셔

39° 26번 블러셔를 브러시에 묻혀 얼굴 바깥쪽을
중심으로 자연스럽게 발라요.

27
저채도의 코랄
아이라이너

40° 27번 아이라이너로 입꼬리부터 라인을 그려요.

41° 립 라인 전체를 선명하게 그려요.

28
누드베이지
립스틱

42° 립 라인을 따라 누드베이지 립스틱을 가득
발라요. 립 라인을 미리 그려놓기 때문에
쉽게 립스틱을 채울 수 있어요.

WEDDING GUEST MAKEUP

@ LANUQE

결혼식처럼 격식 있는 장소를 위한 메이크업이에요. 립은 물론 아이
메이크업도 베이지, 브라운 계열의 섀도로 음영을 살리고 마무리로
눈두덩에 골드펄의 불투명 립글로스를 살짝 바르면 차분하면서
고급스러운 분위기를 연출할 수 있어요. 자칫 아파 보일 수 있으니
피치 블러셔를 넓게 발라 생기를 더해주세요.

COSMETIC
LIST

04 루나 아이팔레트 런웨이 시티
컬렉션 인 서울

09 클리오 킬브로 콘테
파우더 키트

01 12 페리페라 잉크 래스팅
핑크 쿠션 #02 핑크베이지

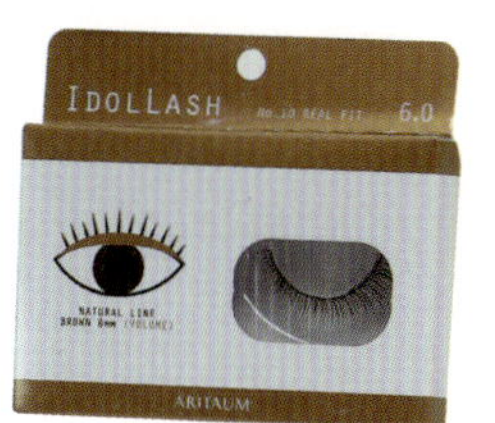

06 아리따움 아이돌래시
#10 리얼핏

02 03 05 바비브라운 초콜릿
아이팔레트

11 크리니크 치크팝
#02 피치팝

08 크리니크 래시 파워 마스카라 #01 블랙

14 버버리 립 글로스 #25 골드

13 어반디케이 바이스 립스틱 #네이키드

10 클리오 프로 듀얼 컨트로빙
스틱 #01 라이트

07 토니모리 백젤
아이라이너 #01 블랙

COLOR
LIST

01 커버력 있는 화사한 내추럴 베이지
02 애시브라운 음영 아이섀도
03 진한 애시브라운 아이섀도
04 시머 아이보리 아이섀도
05 파우더 타입 진한 브라운
　　 젤 아이섀도

06 자연스러운 타입의 인조속눈썹
07 블랙 젤 아이라이너
08 블랙 마스카라
09 파우더 타입 브라운 아이브로
10 피부보다 어두운 톤 섀딩
11 피치 블러셔

12 커버력 있는 화사한 내추럴 베이지
13 누드베이지 립스틱
14 불투명 골드펄 립글로스

BASE & EYE

01
커버력 있는 화사한
내추럴 베이지

01°
1번 파운데이션을 얼굴
전체에 꼼꼼히 발라요.

02
애시브라운 음영
아이섀도

02°
2번 아이섀도를 브러시에 묻혀요.
눈두덩에 발라요.

03°
언더라인에도 전체적으로 발라요.

04°
아이섀도를 바른 것만으로도 눈매가
그윽해졌어요.

03
진한 애시브라운
아이섀도

05°
3번 아이섀도를 브러시에 묻혀 쌍꺼풀
라인을 살짝 벗어나게 발라요. 무쌍꺼풀은
눈을 떴을 때 아이섀도가 속눈썹 라인
위쪽으로 2~3mm 정도 올라오게 발라요.

06°
아랫속눈썹 아래에도 살짝 발라
더욱 깊은 눈매를 만들어요.

04
시머 아이보리
아이섀도

07°
4번 아이섀도를 브러시에 묻혀 애교살 앞에서
뒤쪽으로 점점 연하게 칠해요. 또렷하고 깨끗한
느낌의 눈매가 완성됩니다.

EYE

05 파우더 타입 진한 브라운 젤 아이섀도

06 자연스러운 타입의 인조 속눈썹

07 블랙 젤 아이라이너

08 블랙 마스카라

09 파우더 타입 브라운 아이브로

08° 눈 앞머리에도 칠해 눈과 코 영역이 분리 되도록 하이라이트를 주세요.

09° 5번 젤 아이섀도를 얇은 브러시에 묻혀요. 속눈썹 사이 점막을 꼼꼼히 채우고 속눈썹 라인을 따라 가볍게 발라요.

10° 6번 인조속눈썹을 속눈썹 뿌리에 바짝 붙여요.

11° 눈매가 또렷해졌어요.

12° 7번 젤 아이라이너로 위쪽 점막을 채워 또렷하고 깔끔한 눈매를 만들어요.

13° 8번 마스카라를 속눈썹에 꼼꼼히 발라요.

14° 아랫속눈썹에도 꼼꼼히 발라요.

15° 9번 아이브로를 사선 브러시에 묻혀 눈썹을 그려요. 파우더 타입을 사용하면 톤을 균일하게 표현할 수 있어요.

16° 아이 메이크업 완성!

CONTOURING & CHEEK

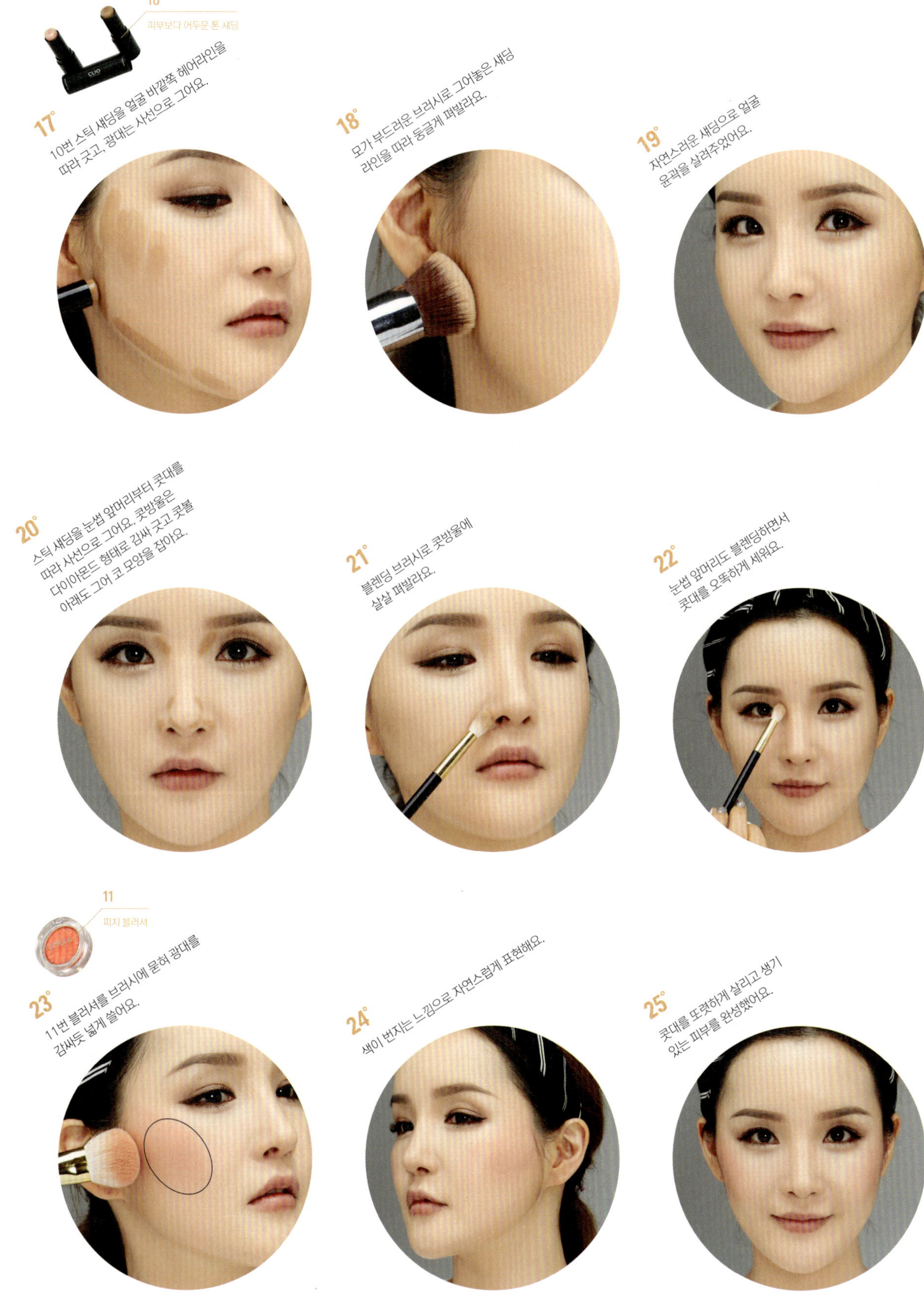

LIP & EYE

12
커버력 있는 화사한
내추럴 베이지

26°
12번 쿠션으로 입술을 톡톡
두드리며 입술톤을 낮춰요.

13
누드베이지
립스틱

27°
베이지 립스틱을 입술 전체에 발라요.

14
불투명 골드펄
립글로스

28°
14번 립글로스를 눈두덩 중앙에 살짝 발라요.

29°
손가락으로 톡톡 두드리며 펴발라
윤기를 더해요.

30°
입술산에도 살짝 올려
반짝임과 볼륨감을 더해요.

Lip Color 4

BROWN

브라운 컬러는 자연스럽게 음영을 살려주어 아이 메이크업이나 섀딩에 주로 활용되지요.
너무 복고풍이고 스타일링하기 부담스러워 도전하지 못했다면 주목! 브라운 립스틱을 바를
때는 아주 강하게 가거나 힘을 완전히 빼야 해요. 피부와 눈매까지 강하게 표현하면 섹시한
걸크러시의 분위기가 나고 절제 있는 메이크업과 매치하면 클래식하면서 부드러운 가을 여신
분위기를 연출할 수 있어요.

INTENSE
MAKEUP

@ LAMUQE

피부에 본래 얼굴보다 한 톤 어두운 파운데이션을 바르고 골드 컬러
하이라이터로 반짝임을 더해 건강하면서 입체감 있는 얼굴을 연출해요.
스모키한 캐츠아이를 한 뒤 진한 브라운 립스틱을 매치하면 섹시하면서
강렬한 이미지로 변신할 수 있어요.

COSMETIC
LIST

02 에뛰드하우스
마이 리틀 넛
#럭키 레드 리틀 넛

08 크리니크 치크팝
#05 누드팝

04 아리따움 아이돌래시
#04 딥브라운

09 맥 엑스트라
디멘션 스킨피니시
#비밍블러시

06 크리니크 래시
파워 마스카라
#01 블랙오닉스

07 페리페라 노즈업 셰딩 #02 엣지셰딩

03 뻬아 라스트 펜 아이라이너 #샤픈 블랙

05 네이처리퍼블릭 극세사 아이브로 펜슬 #03 소프트브라운

01 투쿨포스쿨 아트클래스
스튜디오 드 땅뜨 리퀴드
에어 #04 샌드

10 어반디케이 바이스
립스틱 #1993

COLOR
LIST

01 피부보다 한 톤 어두운
파운데이션

02 피치골드 펄 아이섀도

03 블랙 펜 아이라이너

04 뒤쪽으로 갈수록 길어지는
인조속눈썹

05 진한 브라운 아이브로 펜슬

06 블랙 마스카라

07 쿠션봉 타입 셰딩

08 누디한 시머 타입 블러셔

09 아이보리빛 골드펄 하이라이터

10 브라운 립스틱

BASE & EYE

01
피부보다 한 톤
어두운 파운데이션

01°
1번 파운데이션을 얼굴에 올린 뒤
브러시로 펴발라요.

02°
촉촉한 피부 표현 완성!!

02
피치골드 펄 아이섀도

03°
2번 아이섀도를 브러시에 묻혀 눈두덩에
발라요. 바세린을 바른 것처럼 광이 나 보여요.

03
블랙 펜 아이라이너

04°
3번 아이라이너로 아이라인을 그려요.
눈꼬리는 올려 샤프하게 표현해요.

04
뒤쪽으로 갈수록
길어지는 인조속눈썹

05°
눈꼬리 쪽으로 갈수록 긴 인조속눈썹을
아이라인 모양대로 붙여요.

06°
눈꼬리가 올라가 새침해 보여요.

05
진한 브라운
아이브로 펜슬

07°
5번 아이브로 펜슬로 눈썹 앞부분은
두껍게, 뒤로 갈수록 가늘어지게 그려요.

08°
언더라인 앞부분부터 가운데까지 점막을 채워요.
가운데부터 뒷부분까지는 점막 아래로 점점 내려
가게 그려 눈 아래가 트여 보이게 해요.

06
블랙 마스카라

09°
6번 마스카라로 속눈썹이 갈라지지 않게 발라요.

10°
아랫속눈썹에도 꼼꼼히 발라 또렷한
눈매를 표현해요.

07
쿠션봉 타입 섀딩

11°
7번 섀도로 광대와 턱 라인을 따라 영역을 그려요.

12°
모가 부드러운 브러시로 펴바르며
윤곽을 잡아요.

13°
광대와 턱 라인 사이에 하이라이트 존을
만들어 섹시한 분위기를 연출했어요.

08
누디한 시머 타입
블러셔

14°
8번 블러셔를 브러시에 묻혀 섀딩한 광대
위에 발라요. 혈색을 더해 섀딩한 부분이 더욱
자연스러워 보여요.

09
아이보리빛 골드펄
하이라이터

15°
9번 하이라이터를 브러시에 묻힌 뒤 콧방울, 콧등,
이마, 앞턱, 볼 부분을 가볍게 쓸어요. 얼굴이
매끈하고 광이 나며 윤곽도 선명해져요.

10
브라운 립스틱

16°
브라운 립스틱을 입술 전체에 발라요.

FEMININE MAKEUP

@ SSINNIM

따스하면서도 어쩐지 아련한 느낌마저 풍기는 브라운
내추럴 메이크업이에요. 펄이 들어가지 않은 매트한 섀도로
눈꺼풀을 서서히 물들이듯 부드럽게 표현해 깊은 눈빛을
만들어 주세요. 립 역시 매트한 느낌으로 매치하면 청순하고
부드러운 분위기를 연출할 수 있어요.

COSMETIC
LIST

COLOR
LIST

BASE & CONTOURING

01
피부보다 한 톤
밝은 컨실러

02
피부보다 한 톤
어두운 컨실러

01°
색소침착이 심한 다크서클과 코, 입 주변에
피부와 비슷한 톤의 컨실러를 발라요.
없다면 1번과 2번 컨실러를 섞어 발라요.

03
스펀지

02°
물에 불린 스펀지를 짠 뒤 컨실러를 펴발라요.
스펀지를 물에 불려서 사용하면 컨실러를
촉촉하게 바를 수 있어요.

04
피부보다 한 톤
밝은 컨실러

03°
이제 얼굴을 좀 더 밝혀봅시다! 티존과
광대뼈, 턱에 4번 컨실러를 한 번 더 발라
하이라이트를 넣어요.

05
뽀송뽀송한
제형의 쿠션

04°
5번 쿠션으로 펴발라요. 얼굴의 광택을
잡고 커버력을 높일 수 있어요.

06
피부보다 한 톤
밝은 파우더

05°
6번 파우더를 모가 부드러운 브러시에
묻혀 얼굴에 전체적으로 얇게 펴발라요.

07
붉은빛이 없는
자연스러운
그림자색 섀딩

06°
7번 섀딩을 모가 풍성하고 큰 브러시에 묻혀
얼굴 바깥쪽을 자연스럽게 쓸어요.

08
굵은 글리터가 섞인
브론즈 하이라이터

07°
8번 하이라이터로 광대 바깥쪽을 가로로
쓸어 하이라이터 겸 블러셔로 연출해요.

09
굵은 글리터가 섞인
화이트 하이라이터

08°
9번 하이라이터로 얼굴 안쪽을 세로로
쓸어 하이라이트를 넣어요.

10
피치빛 하이라이터

09°
10번 하이라이터를 브러시에 묻혀 웃었을 때
가장 높이 올라오는 애플존을 둥글게 쓸어
볼에 입체감을 더해요.

EYE & LIP

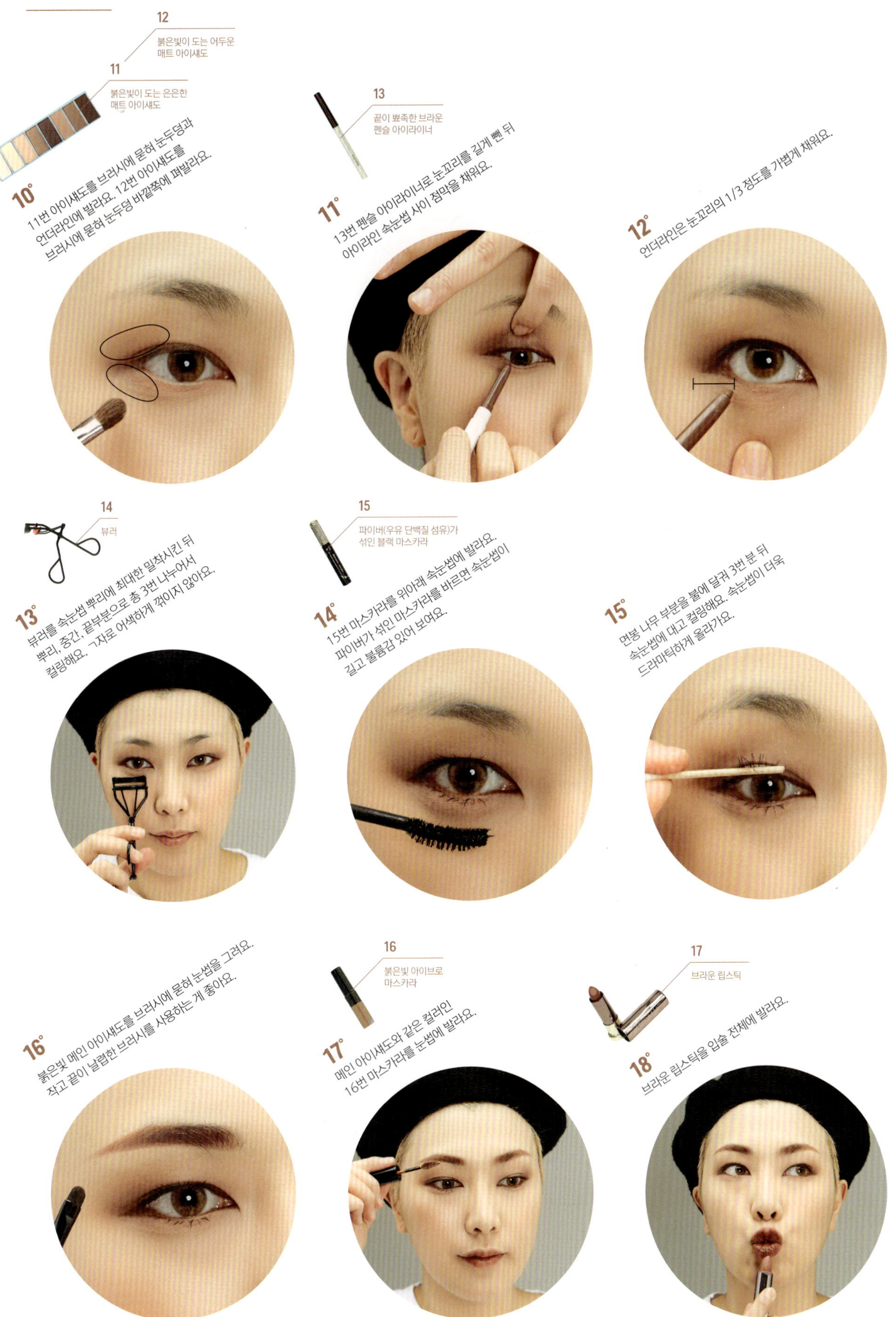

11 붉은빛이 도는 은은한 매트 아이섀도

12 붉은빛이 도는 어두운 매트 아이섀도

10° 11번 아이섀도를 브러시에 묻혀 눈두덩과 언더라인에 발라요. 12번 아이섀도를 브러시에 묻혀 눈두덩 바깥쪽에 펴발라요.

13 끝이 뾰족한 브라운 펜슬 아이라이너

11° 13번 펜슬 아이라이너로 눈꼬리를 길게 뺀 뒤 아이라인 속눈썹 사이 점막을 채워요.

12° 언더라인은 눈꼬리의 1/3 정도를 가볍게 채워요.

14 뷰러

13° 뷰러를 속눈썹 뿌리에 최대한 밀착시킨 뒤 뿌리, 중간, 끝부분으로 총 3번 나누어서 컬링해요. 그겨야 어색하게 꺾이지 않아요.

15 파이버(우유 단백질 섬유)가 섞인 블랙 마스카라

14° 15번 마스카라를 위아래 속눈썹에 발라요. 파이버가 섞인 마스카라를 바르면 속눈썹이 길고 볼륨감 있어 보여요.

15° 면봉 나무 부분을 불에 달궈 3번 분 뒤 속눈썹에 대고 컬링해요. 속눈썹이 더욱 드라마틱하게 올라가요.

16° 붉은빛 메인 아이섀도를 브러시에 묻혀 눈썹을 그려요. 작고 끝이 날렵한 브러시를 사용하는 게 좋아요.

16 붉은빛 아이브로 마스카라

17° 메인 아이섀도와 같은 컬러인 16번 마스카라를 눈썹에 발라요.

17 브라운 립스틱

18° 브라운 립스틱을 입술 전체에 발라요.

Low & High Lip Color Best Item

RED

LOW
⌄

페리페라
페리스 잉크 더 벨벳
#01 품절대란

저렴이 레드 '갑'은 페리페라! 지속력 면에서도 뒤지지 않고 레드 컬러가 톤별로 다양하게 출시돼 있어 나에게 맞는 컬러를 찾는 재미가 있어요. 입술에 뭘 바를까 고민되는 날이면 어김없이 가볍게 손이 가는 제품이에요. 팁 어플리케이터 끝으로 입술에 두 번만 톡톡 두드린 뒤 손가락으로 펴바르면 화사한 분위기를 연출할 수 있어요.

HIGH
⌃

조르지오 아르마니
립 마에스트로 #402
차이니즈라커

레드하면 아르마니! 기본 레드 립스틱으로도 조르지오 아르마니 시그니처 립스틱 루즈 아르마니 400호도 유명하지만 부드러운 벨벳 느낌의 마무리감을 주는 벨벳 립 라커 립 마에스트로 라인도 추천하고 싶어요. 립스틱 자체가 지속력이 뛰어나는 제형으로 그중에서도 레드 컬러는 발색이 더 오래 유지되는 편이지요. 401호는 오렌지 레드 립을 좋아한다면 반할 수밖에 없는 컬러로 선물용으로도 좋아요.

PEACH CORAL

LOW
⌄

어퓨 코튼 립 플루이드
#CR02 니트코랄

가성비 최고의 아이템을 많이 선보이는 어퓨! 특히 이 틴트는 강한 발색력과 착색력을 가지고 있어요. 손가락으로 펴바르면 세미 매트한 연출도 가능해요. 씨쉬어와 비슷하게 데일리 코럴 립스틱으로 손색이 없는 초저렴 틴트예요.

HIGH
⌃

맥 립스틱 #씨쉬어

레드가 한방울 섞인 듯한 코랄핑크예요. 무난한 데일리 립 제품을 찾고 있다면 강력 추천! 엄마에게 선물했을 때 반응이 좋았던 제품이에요. 촉촉한 제형으로 살짝 투명하게 발리면서 본래 립 컬러와 자연스럽게 섞여요.

NUDE BEIGE

LOW
⌄

에뛰드하우스 디어 마이
블루밍 립스톡 #BE110
기다리고 쉬폰베이지

피부를 제대로 커버하지 않고 누드 립스틱을 바르면 입술만 자칫 동동 떠 보일 수 있어요. 피치누드톤의 이 컬러는 민낯에 발라도 튀지 않고 꽤 자연스러워요. 촉촉함과 세미 매트함 그 사이 어딘가에 있는 제형으로 핑크 혹은 레드와 섞어 발라도 예뻐요.

HIGH
⌃

맥 립스틱 #팬더미

누드 립은 개인적으로 가장 매력적이라고 생각하는 컬러예요. 맥에서는 다양한 색감의 누드 립스틱을 선보이는데 핑크 베이스의 카인다섹시, 옐로 베이스의 플렉크톤, 샤이걸 등이 유명하지요. 팬더미는 어두운 매트 누드 립스틱으로 음영을 살린 눈 화장과 매치하면 굉장히 그윽하고 섹시한 느낌을 강조할 수 있어요.

BROWN

LOW  더샘 에코 쿠션 버튼 립스

로드숍에서 찾을 수 있는 브라운 컬러 중 가장 마음에 드는 제품. 보송보송하고 매트하게 마무리되어 레드 컬러와 섞어 바르면 독특한 분위기를 낼 수 있어요. 팁 어플리케이터가 솜방망이 모양이라 오래 사용하면 위생상 문제가 있진 않을까 염려되지만 보송한 느낌을 살리는 데는 아주 효과적이에요.

HIGH 어반디케이 바이스 립스틱 #1993

90년대에서 온 촌스러운 갈색을 상상했다면 NO! 부드러운 컬러의 브라운 립스틱이 다시 사랑받는 날이 올 같은 예감이에요. 최근 2년간 채도 낮은 레드, mlbb 컬러가 유행했고 그 컬러가 조금씩 과감하고 어두워지는 추세이기 때문이지요. 립에 올리는 순간 "오? 의외로 괜찮네?" 하는 매력적인 컬러로 자신의 또 다른 얼굴을 발견할 수 있어요.

BABY PINK

LOW 페리페라 잉크 더 에어리벨벳 #02 최애쁨템

경쟁이 치열한 저가 브랜드 틴트 중 갑은 페리페라가 아닐까! 틴트로 핫브랜드 반열에 오른 페리페라는 계속해서 놀라운 제형과 컬러의 제품을 출시하고 있어요. 에어리벨벳은 아주 옅은 파스텔 컬러로 발색된 입술 위에 고운 슈가파우더를 올린 것 같은 보송보송하면서도 가벼운 신기한 제형이 특징이에요. 청순한 파스텔 느낌의 발색을 원한다면 추천! 단, 입술이 많이 건조한 편이라면 피하는 게 좋아요.

HIGH 슈에무라 루즈 언리미티드 슈프림 마뜨 #WN227

트렌드인 매트하고 벨베티한 질감이 돋보이는 립스틱이에요. 보랏빛이 약간 비치는 베이비 핑크로 입술에 착 밀착되어 보송보송한 마무리감이 돋보여요.

Low & High Lip Color Best Item

HOT PINK

LOW
에뛰드하우스 컬러 립스핏 #워너핏 오렌지

핑크 하면 에뛰드, 에뛰드 하면 핑크가 아닐까 싶을 만큼 에뛰드하우스는 핑크 컬러에 강한 브랜드인데요. 특히 이 제품은 에뛰드하우스 원브랜드 튜토리얼 영상에서 크리미하고 강력한 발색으로 주목을 받았어요. 살짝 붉은빛이 도는 핫핑크로 바르면 얼굴이 화사해 보여요. 틴트처럼 촉촉하게 발리면서 컬러감이 선명해 같은 제형의 다른 컬러도 많이 나오길 기대해요.

HIGH
맥 립스틱 #릴렌트리슬리레드

핫핑크를 선호하는 편은 아니지만 딱 떠오르는 제품은 바로 릴렌트리슬리레드예요. 한국 출시 전 해외 매장에서 발색해보고 색감에 반해 나도 모르게 구입해버렸어요. 슈퍼 매트한 질감의 쨍한 레드 핑크 립스틱으로 연하게 바르면 사랑스럽게, 풀립으로 바르면 강렬한 느낌으로 매력 어필을 할 수 있어요.

ORANGE

LOW
토니모리 립톤 겟잇틴트 #04 레드핫

토니모리 틴트는 발색이 선명하고 지속력 좋기로 유명해요. 처음 발매한 컬러가 대박이 나면서 지금은 거의 10개가 넘는 다양한 컬러들이 출시되었어요. 그중 대표적인 인기 컬러인 레드핫은 오렌지에 가까운 레드로 물에 닿아도 잘 지워지지 않아 여름휴가 때 챙겨야 할 아이템으로 꼽혀요. 가격도 저렴하고 양도 많은데 용기가 뒤집어지면 잘 새는게 딱 하나 단점이에요.

HIGH
입생로랑 볼륍떼틴트인밤 #08

유리알처럼 맑게 빛나며 촉촉하게 밀착되는 오렌지 컬러 국민 틴트는 친구들 파우치에 한 개씩은 있는 제품이지요. 특히 8호는 스칼렛 오렌지색의 맑은 컬러가 피부를 환해 보이게 해요. 끈적이지 않고 지속력도 뛰어나요.

BRICK RED

LOW
삐아 라스트 립스틱 #06 감성적 혹은 #12 몽상적

삐아는 가격 대비 감각과 퀄리티가 돋보이는 브랜드예요. 직접 테스트해볼 수 있는 오프라인 매장이 없다는 게 아쉽긴 하지만요. 특히 각지고 네모난 패키지의 10가지 색 립스틱은 모두 마음에 들어요. 크리미하고 입술에 착 붙는 벨베티(Velvety)한 제형이 특징인데 손가락으로 문질러 색을 부드럽게 낼 수도 있어요.

HIGH
마몽드 크리미 틴트 컬러 밤 인텐스 #45 레드페퍼

립스틱 컬러감과 틴트의 지속력, 글로스의 광택감을 한 번에 담은 제품 콘셉트답게 발색이 선명하면서도 자연스럽게 밀착된답니다. 레드 페퍼 컬러는 이름처럼 '고추장색' 같기도 하면서 장밋빛, 오렌지, 벽돌색이 오묘하게 섞여 있어요.

BURGUNDY WINE

LOW 

더샘 키스홀릭 립스틱
M #RD03 배드씬

'BAD SSIN'이든 'BED SCENE'이든 둘 다 좋아하는 단어라서 더 끌렸던
립스틱이에요. 버건디는 풀립으로 연출하면 자칫 부담스러워 보일 수
있는데 이 립스틱은 촉촉하고 묽은 제형이라 입술 안쪽에 그라데이션해서
펴바르기 편해요. 매트하게 연출하고 싶다면 제품을 바르고 그 위에
버건디 섀도를 살짝 찍어 올려주세요.

HIGH 

듀왑
#트와일라잇
베놈

버건디 컬러 립 제품은 흔해졌지만 이 틴트는 정말 소장가치 200%의
특별한 제품이에요. 립밤으로 유명한 해외브랜드 듀왑과 영화
〈트와일라잇〉의 컬래버레이션으로 탄생한 한정판 틴트이기 때문이지요.
틴트층과 오일층으로 나누어져 있어 흔들어 섞어 쓰는 제품인데 마치
실험관 안의 혈청과 혈액을 섞는 매드닥터가 된 느낌이 들어요. 입술 위에
바르면 틴트액이 입술 주름 사이사이에 번지면서 진짜 검붉은 핏방울로
물든 것 같은 뱀파이어 룩이 연출됩니다.

PURPLE

LOW 

클리오 매드매트
#05 러셋로즈

사실 보라색은 로드숍에서 쉽게 찾아볼 수 없는 컬러지만, 보라색에
가까운 장미색 립스틱으로 클리오의 러셋로즈를 추천해요. 매트하지만
부드러운 제형을 가지고 있고 자줏빛에 가까운 컬러로 퍼플 립이
처음이더라도 도전해볼 만해요. 이 색을 베이스로 바르고 진짜
보라색을 살짝 믹스해주면 보다 자연스러워요.

HIGH 

어반디케이 바이스
립스틱 #판데모니움

퍼플 계열 립스틱을 어반디케이보다 잘 뽑는 '집(?)'은 없다고 생각해요.
퍼플 컬러를 브랜드 아이덴티티로 삼고 있는 만큼 자부심이 느껴져요.
판데모니움 이외에도 더 진하거나 옅은 퍼플 립스틱을 다양한
제형으로 팔고 있으니 독특한 립 컬러를 찾는다면 어반디케이 숍을
방문해보세요.

Lip Color 5

BABY PINK

사랑스럽고 화사한 분위기를 연출할 수 있는 베이식 립 컬러 핑크. 본래 입술처럼 자연스럽게
연출되어 아이 메이크업만으로 분위기 변화를 꾀할 수 있지요. 눈가에 펄과 글리터로
반짝임을 더하면 신비한 매력을 느낄 수 있고 강한 음영을 넣어 눈매를 드라마틱하게 강조하면
바비인형처럼 도도한 메이크업이 완성돼요.

CLASSIC MAKEUP

@ SSINNIM

보라색과 자주색으로 눈가를 은은하게 물들이고 핑크, 오렌지, 화이트
등 다양한 컬러의 글리터를 올려 영롱하게 반짝이는 눈매를 연출해요.
언더라인을 완전히 메우지 않고 눈꼬리를 평소보다 길게 빼서 아치형의
고양이 눈매를 만들어요. 베이비핑크 립스틱을 입술 전체에 두껍게 바르면
신비한 느낌의 메이크업을 완성할 수 있어요. 펄감을 조절하면 데일리
메이크업으로도 손색없어요.

COSMETIC LIST

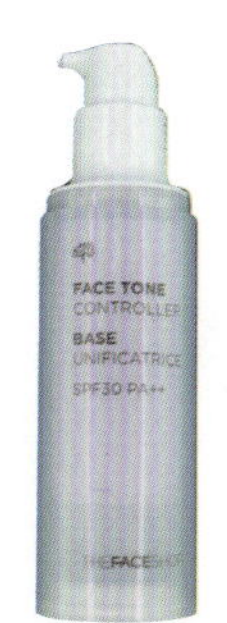

02 클레드포보테
꼬렉뜨르 비자주
컨실러 #아몬드

01 더페이스샵 페이스 톤
컨트롤러 #02 노랗고
칙칙한 피부용

03 구찌 새틴 매트
파운데이션 #50

04 클리오 킬커버 프로
아티스트 리퀴드
컨실러 #03 리넨

05 어퓨 샤이니 윤광 팩트
#23 내추럴글램

06 투쿨포스쿨 아트클래스 바이로댕

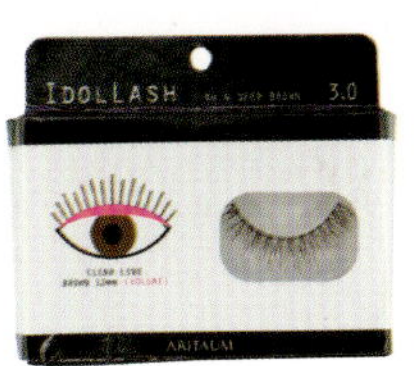

07 로라메르시에 페이스
일루미네이터 파우더 어딕션

08 어반디케이 문더스트 아이섀도 팔레트

14 18 슈에무라
아이래시
컬러 뷰러

17 아리따움 아이돌래시
BASIC #04 딥브라운

09 메이크업포에버
스타 파우더
#972 화이트오렌지

13 메이크업포에버
스타 파우더
#11 샴페인

22 어반디케이
바이스 립스틱
#하트리스

10 21 투쿨포스쿨 글램락 베일드 씬
#01 미스테리어스

12 16 케이트 슈퍼 샤프 아이라이너 #BK-1 딥블랙

15 구찌 임팩트 롱웨어 아이 펜슬 #110 아이코닉블랙

11 어반디케이 일렉트릭 프레스드
피그먼트 팔레트

20 베네피트 프리사이슬리 아이브로 펜슬 #02 라이트

19 키스미 히로인 메이크 롱앤컬
마스카라 슈퍼빌름

COLOR LIST

BASE & CONTOURING

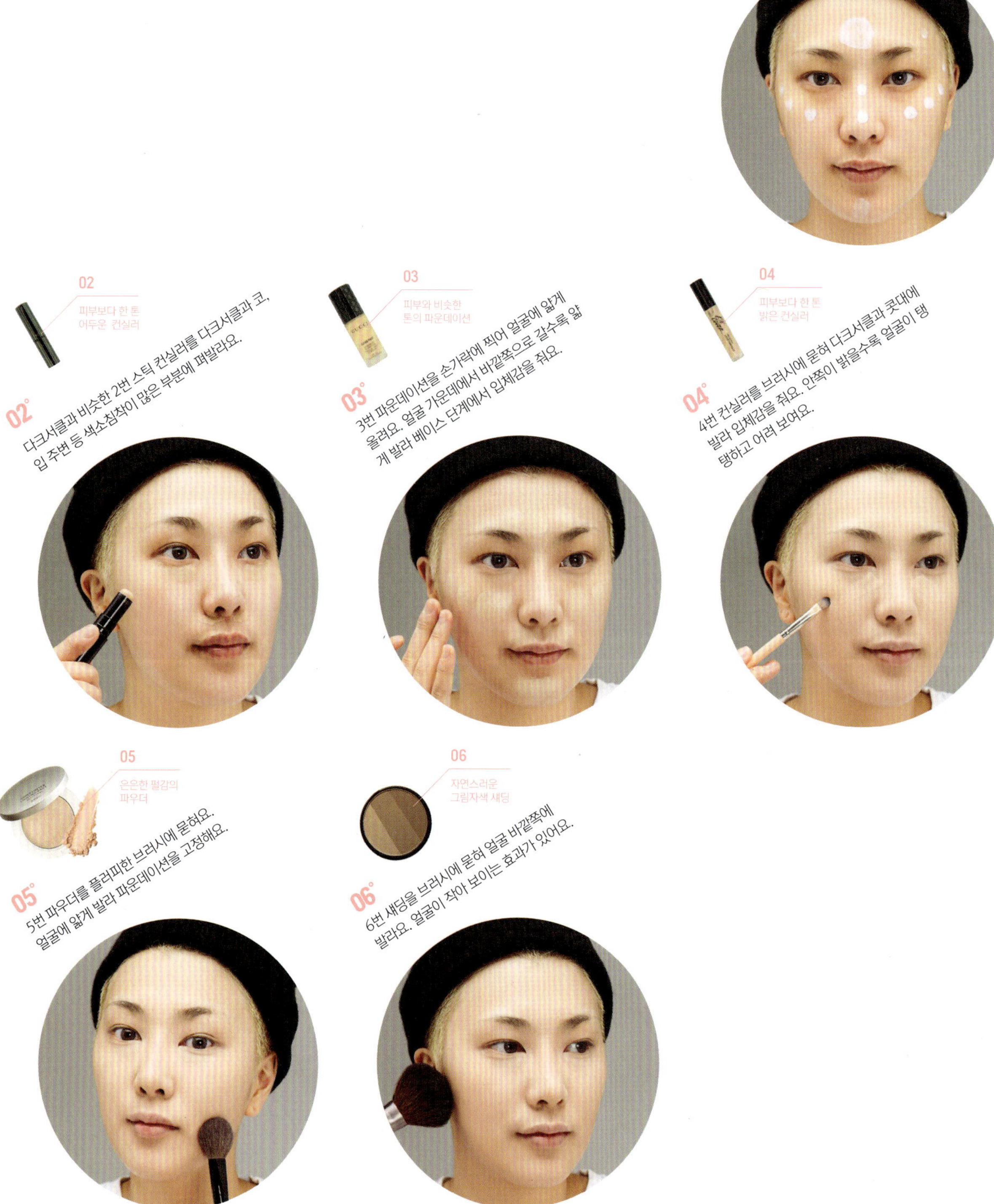

EYE

07° 같은 섀딩 팔레트에 있는 색을 섞어 6보다 밝은 컬러를 만들어요. 콧대와 눈두덩에 은은하게 펴발라 음영을 잡아요.

08° 7번 하이라이터를 손가락에 찍어 눈두덩과 T존에 발라요. 브러시로 바를 때보다 진하고 촉촉하게 발색돼요.

09° 8번 아이섀도를 브러시에 묻혀 눈 앞머리 쪽 브이 부분(>)에 넓게 발라요.

10° 9번 아이섀도를 브러시에 묻혔어요. 눈 앞머리에 발라 눈물광을 더해요.

11° 10번과 11번 아이섀도를 섞어 브러시에 묻혀요. 눈꼬리로 갈수록 은은하게 퍼지는 느낌으로 발라요. 마젠타빛을 내며 눈을 깜빡일 때마다 포인트가 돼요.

12° 12번 리퀴드 아이라이너로 언더라인을 눈 가운데부터 눈꼬리까지 가로로 1cm 정도 그려요.

13° 13번 아이섀도를 브러시에 묻혀요. 언더라인 아래쪽에 이어 그리면서 펴발라요.

14° 뷰러로 속눈썹을 바짝 집어 올려요.

15° 눈꺼풀을 손가락으로 살짝 누르고 점막을 15번 펜슬 아이라이너로 채워요.

EYE & CHEEK

16 블랙 리퀴드 아이라이너

16° 16번 리퀴드 아이라이너로 눈꼬리를 평소보다 길게 빼면서 위로 살짝 올려 그려요. 아치형의 고양이 눈매로 만들어요.

17 풍성하고 볼륨감 있는 모양의 인조속눈썹

17° 17번 인조속눈썹을 몇 조각 잘라요. 눈동자가 있는 가운데를 중심으로 붙여요.

18 뷰러

18° 뷰러로 속눈썹과 인조속눈썹을 함께 집어 올려요.

19 블랙 마스카라

19° 19번 마스카라를 발라 속눈썹과 인조속눈썹을 이어 붙인 뒤 속눈썹 끝에도 덧발라요. 속눈썹이 길고 풍성해 보여요.

20° 면봉을 불에 달군 뒤 아랫속눈썹 위에 놓고 아래 방향으로 쓸어내려요.

21° 같은 마스카라로 아랫속눈썹을 여러 번 발라 깊고 풍성하게 만들어요.

20 부드러운 회갈색 아이브로

22° 20번 아이브로로 눈썹산을 살려 눈썹을 얇게 빼요.

21 인디핑크 블러셔

23° 21번 블러셔를 브러시에 묻혀 볼 중앙을 쓸어요.

LIP

BARBIE DOLL MAKEUP

눈두덩에 아이섀도로 경계를 만들어 아이홀 부분이 움푹 들어가 보이게
하는 아이 메이크업 기법을 '컷크리즈(cut-crease) 메이크업'이라고 해요.
섬세한 테크닉을 필요로 하지만 드라마틱하게 이국적인 눈매를 완성할 수
있으니 특별한 날 시도해보세요. 여기에 베이비핑크 립스틱을 입술 전체에
꽉 채워 바르고 양볼과 광대를 딸기우윳빛으로 물들이면 바비 인형처럼
매력적인 룩을 만들 수 있어요.

COSMETIC
LIST

21 헤라 페이스 디자이닝
블러셔 #02 포슬린핑크

17 언프리티랩스타 씬스틸러
비하인더 씬

02 손앤박 커스텀 커버
컨실러 키트

07 11 12 바비브라운 초콜릿
아이 팔레트

01 아모레퍼시픽 아이디얼
블룸 파운데이션 쿠션
#102 미디엄핑크

08 삐아 피그먼트
#02 클로에

13 페리페라 잉크 피팅 섀도
#13 솜사탕얌얌

18 크리니크 치크팝
#12 핑크팝

19 아워글라스
엠비언트 하이라이터

05 삐아 라스트 페인트 아이라이너 #1 블랙에디션
09 이지픽 아이라이너펜 브라운 #02 앰프리머
16 네이처리퍼블릭 라이프 컬러 아이펜슬 #10 파파야소스 리얼브라운

10 크리니크 래시
파워 마스카라
#01 블랙오닉스

20 어반디케이
바이스 립스틱
#하트리스

03 04 06 에뛰드하우스 원더 펀 파크 컬러
아이즈 #01 돌아가는 관람차

14 페어리 래시 #A08

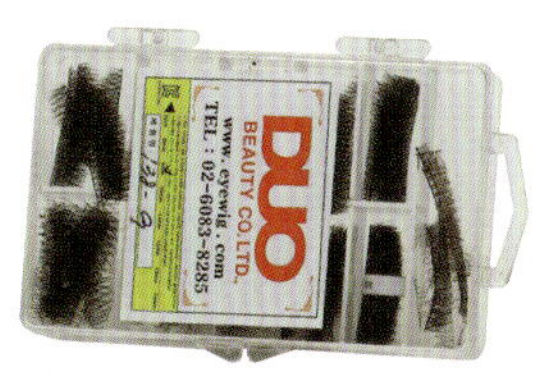

15 듀오 래시

COLOR
LIST

BASE & EYE

01
피부에 얇게 밀착되는 커버력
좋은 핑크베이지 파운데이션

01° 1번 쿠션 파운데이션을 얼굴에 꼼꼼히 발라요.

02
피부와 비슷한
톤의 컨실러

02° 2번 컨실러를 브러시에 묻혀요. 다크서클과
앞볼에 발라 깨끗하게 커버해요.

03
핑크버건디빛
음영 아이섀도

03° 3번 아이섀도를 브러시에 묻혀 눈두덩에 발
라요.

04° 아이홀에도 발라 형태를 잡아줘요.

05° 눈꼬리 쪽은 사선으로 올려 발라요.

04
연보라색
아이섀도

06° 4번 아이섀도를 브러시에 묻혀 아이홀 안쪽
눈두덩과 속눈썹 아래 애교살에 넓게 발라요.

05
블랙 붓펜
아이라이너

07° 5번 아이라이너로 쌍꺼풀 라인 안쪽을 꽉 채워요.
눈을 떴을 때 쌍꺼풀 라인이 보이지 않을 정도로 두껍게
그려요. 눈꼬리는 고양이 눈매처럼 올려 그려요.

06
진한 버건디브라운
아이섀도

08° 6번 아이섀도를 브러시에 묻혀 아이홀을 따라 둥글게
그리는 컷크리즈를 해요. 사선 브러시로 눈 앞머리부터
꼬리까지 둥근 모양으로 깔끔하게 그려요.

EYE

09° 뒤쪽은 눈을 떴을 때 아이라인과 살짝 닿을 정도로 높게 그려요.

07 진한 브라운 아이섀도
10° 7번 아이섀도를 브러시에 묻혀요. 아이라인과 아이홀 끝부분을 연결하듯 자연스럽게 펴발라요.

08 퍼플빛의 반짝이는 글리터
11° 8번 글리터를 눈두덩 가운데에 톡톡 올려요. 눈이 반짝이고 볼륨감 있어 보여요.

12° 아이라인 영역과 분리되면서 눈매가 깔끔해 보여요.

14 짙고 풍성한 인조속눈썹
13° 14번 인조속눈썹을 붙여요.

15 길이가 긴 인조속눈썹
14° 15번 인조속눈썹을 반으로 잘라요. 모가 긴 부분을 눈꼬리에 붙여요. 눈꼬리 쪽 속눈썹이 길고 풍성해야 진한 섀도가 어색해 보이지 않아요.

09 브라운 붓펜 아이라이너
15° 9번 아이라이너로 아이홀 라인을 따라 얇게 덧칠해주듯 그려요. 주변 아이섀도가 그림자 역할을 해 라인이 또렷하고 깔끔해 보여요.

10 블랙 마스카라
16° 속눈썹에 10번 마스카라를 발라요.

11 진한 브라운 아이섀도
17° 11번 아이섀도를 브러시에 묻혀요. 아랫속눈썹 라인을 따라 그리며 위쪽 속눈썹 라인과 밸런스를 맞춰요.

18°
12 애시브라운 음영 아이섀도
12번 아이섀도를 브러시에 묻혀요. 라인의 경계선에 올려 자연스럽게 펴발라요.

19°
10 블랙 마스카라
10번 마스카라를 아랫속눈썹에 여러 번 덧발라요. 인조속눈썹을 붙인 듯 풍성하고 볼륨감 있어 보여요.

20°
13 시머한 샴페인핑크 아이섀도
13번 아이섀도를 브러시에 묻혀 눈 앞머리에 발라요.

21°
16 밝은 브라운 아이브로 펜슬
16번 아이브로 펜슬로 눈썹 모양을 따라 아치형으로 길고 가늘게 눈썹을 그려요.

22°
17 피부보다 두 톤 어두운 셰딩
17번 셰딩을 모가 넓고 큰 브러시에 묻혀 광대뼈 라인을 쓸어요.

23°
턱 라인도 가볍게 쓸어요.

24°
셰딩을 블렌딩 브러시에 묻혀 콧방울을 감싸듯이 발라요.

25°
눈 옆 콧대에 진하게 발라요. 셰딩으로 눈 옆 코뼈 윤곽을 잡아주면 코가 오똑해 보여요.

26°
18 시머한 핑크 블러셔
18번 블러셔를 브러시에 묻혀 광대를 감싸며 사선으로 쓸어요.

CONTOURING & LIP & CHEEK

19 크리스탈빛 화사한 하이라이터

27° 19번 하이라이터를 브러시에 묻혀 콧방울과 콧대를 쓸어요.

28° 앞턱, 인중, 입술산을 쓸어요. 하이라이터를 바른 부분이 반짝이며 인형 같은 느낌이 나요.

29° 광대 위쪽 C존과 바깥쪽에 발라요. 얼굴이 작아 보이는 효과가 있어요.

20 베이비핑크 립스틱

30° 베이비핑크 립스틱을 입술 전체에 발라요.

21 파스텔톤 딸기우윳빛 블러셔

31° 21번 블러셔를 브러시에 묻혀 앞볼과 광대뼈를 넓게 쓸어요. 피부가 보송보송하고 앞볼이 차올라 화사해 보여요.

Lip Color 6

HOT PINK

핫핑크 립스틱은 어떤 질감을 고르고 어떻게 발라서 연출하느냐에 따라 세련된 도시 여자로도, 펑키하고 발랄한 소녀로도 변신할 수 있는 아이템이에요. 형광색이 섞인 핫핑크나 푸시아핑크 컬러는 대담해 보이지만 입술에 바르면 칙칙한 피부를 화사하게 밝혀주지요. 흰 피부에 바르면 더욱 화사해 보여요.

@ SSINNIM

CHIC
MAKEUP

크리스털처럼 영롱한 펄 아이섀도와 글리터 라이너로 눈매에 신비한
반짝임을 더하고 캐츠 아이라인으로 도도하고 시크한 눈매를 연출해요.
핫핑크 립스틱을 입술에 꼼꼼히 바르면 시크하면서도 자신감 넘치는
세련된 '도시 여자' 느낌을 물씬 낼 수 있어요.

COSMETIC
LIST

01 아이오페 퍼펙트 스킨 베이스
#02 라이트퍼플

10 언프리티랩스타 멀티 드로잉 컨투어 키트

13 아워글라스 앰비언트
하이라이터

04 삐아 라스트 펜 아이라이너 #샤픈블랙

07 클리오 킬브로 오토 하드 브로 펜슬 #01 내추럴 브라운

08 클리오 누디즘 워터그립 브라이트너 #02 베이지

11 랑콤 블러시 쉽띨 #22 로즈발레리나

09 페리페라 잉크 피팅
섀도 #13 솜사탕얌얌

03 에뛰드하우스 디어 마이 에나멜
아이즈 톡 #태양에서 온 그대

05 어반디케이 헤비 메탈 글리터
아이라이너 #정크쇼

12 어반디케이 바이스
립스틱 #프레미니

06 아이러브 매직 레이
야스이 #02 시크릿

02 클리오 누디즘
워터그립 쿠션
#04 진저

BASE & EYE

01
퍼플
메이크업베이스

01°
1번 메이크업베이스를 얼굴 전체에 올린 뒤
손가락으로 펴발라요. 손의 열기 때문에 더욱
얇고 자연스럽게 표현돼요.

02
얇게 표현되는 쿠션
파운데이션

02°
피부가 화사하게 보정되었어요.

03°
2번 쿠션 파운데이션을 얼굴에 발라요.

03
크리스털빛 펄
아이섀도

04°
3번 아이섀도를 눈두덩에 발라요.

04
블랙 붓펜
아이라이너

05°
4번 아이라이너로 눈꼬리를 올려 아이라인을
그려요. 눈꼬리 끝을 뾰족한 삼각형으로 만든 뒤
뒤쪽을 사다리꼴 모양으로 넓게 그려요.

05
핑크퍼플 계열의
글리터 아이라이너

06°
5번 아이라이너를 아이라인 위에 덧칠해요.

07°
아이라인 위에 펄을 얹으면 은하수 같이
신비로운 느낌이 나요.

06
길고 샤프한 모양의
인조속눈썹

08°
6번 인조속눈썹을 속눈썹 뿌리에 가까이 붙여요.

07
브라운 아이브로
펜슬

09°
7번 아이브로 펜슬로 눈썹 모양을 따라 그려요.

EYE & CONTOURING & CHEEK & LIP

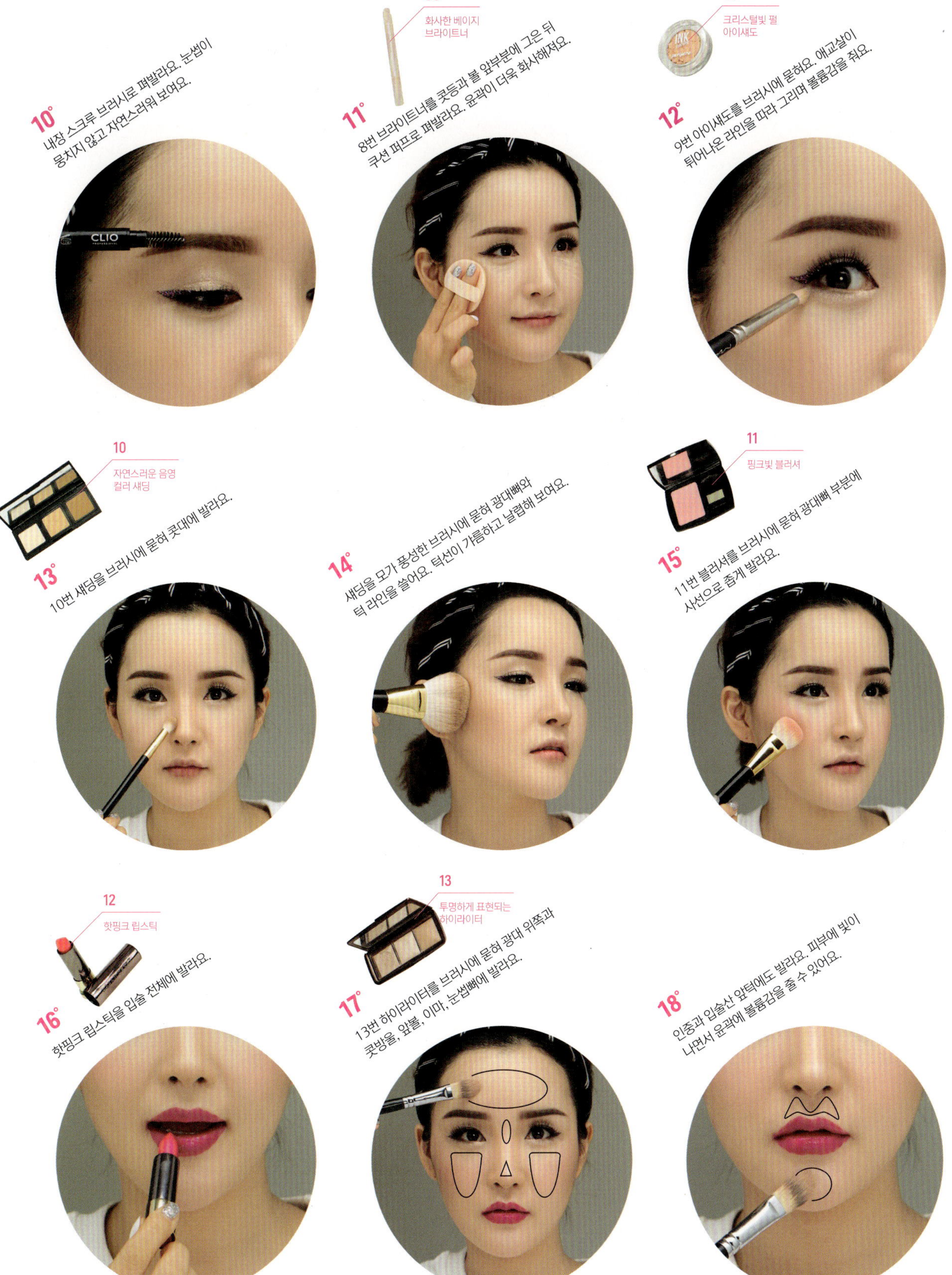

10° 내장 스크류 브라시로 펴발라요. 눈썹이 뭉치지 않고 자연스러워 보여요.

08 화사한 베이지 브라이트너

11° 8번 브라이트너를 콧등과 볼 앞부분에 그은 뒤 쿠션 퍼프로 펴발라요. 윤곽이 더욱 화사해져요.

09 크리스털빛 펄 아이섀도

12° 9번 아이섀도를 브라시에 묻혀요. 애교살이 튀어나온 라인을 따라 그리며 볼륨감을 줘요.

10 자연스러운 음영 컬러 섀딩

13° 10번 섀딩을 브라시에 묻혀 콧대에 발라요.

14° 섀딩을 모가 풍성한 브라시에 묻혀 광대뼈와 턱 라인을 쓸어요. 턱선이 갸름하고 날렵해 보여요.

11 핑크빛 블러셔

15° 11번 블러셔를 브라시에 묻혀 광대뼈 부분에 사선으로 촙게 발라요.

12 핫핑크 립스틱

16° 핫핑크 립스틱을 입술 전체에 발라요.

13 투명하게 표현되는 하이라이터

17° 13번 하이라이터를 브라시에 묻혀 광대 위쪽과 콧방울, 입볼, 이마, 눈썹뼈에 발라요.

18° 인중과 입술산 앞턱에도 발라요. 피부에 빛이 나면서 윤곽에 볼륨감을 줄 수 있어요.

HOT PINK

ROCK FESTIVAL MAKEUP

@ SSINNIM

꼼꼼한 베이스 메이크업으로 피부톤을 환하게 밝혀주고 핫핑크 립스틱으로 포인트를 줘요. 핑크 립스틱과 붉은 컬러의 섀딩을 볼에 발라서 날렵하면서도 자연스럽게 혈색이 도는 컨투어링을 해볼게요. 비비드한 핑크 컬러가 입술에 시선을 집중시키기 때문에 아이 메이크업은 생략해도 좋아요. 광택이 있고 선명한 핑크 립스틱을 입술에 꽉 채워 발라야 건강하고 통통 튀는 매력을 살릴 수 있어요. 눈 아래에 네일 스티커를 몇 개 잘라 붙여 더 펑키하고 재미있는 룩을 연출해요.

COSMETIC LIST

01 클리오 킬커버 쿠션 본딩 프라이머

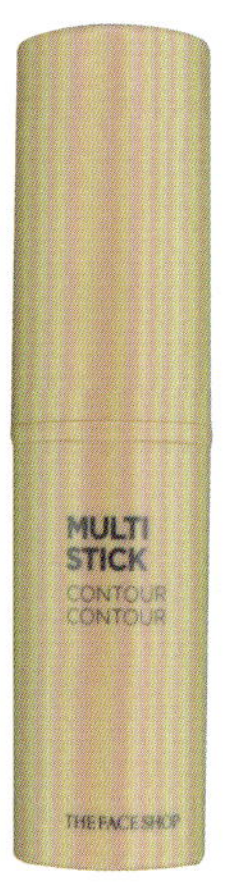

09 더페이스샵 멀티스틱 #셰딩

04 더페이스샵 페이스 톤 컨트롤러 #02 노랗고 칙칙한 피부용

07 랑콤 뗑 미라클 베어 스킨 파운데이션 0-015호 #내추럴 라이트

03 스틸라 올인원 코렉팅 팔레트

05 06 캔메이크 컬러 믹싱 컨실러 #02 내추럴 베이지

12 투쿨포스쿨 아트클래스 바이로댕

11 올리브영 촉촉퍼프

10 에뛰드하우스 플레이 101 스틱 #20

17 언프리티랩스타 씬스틸러 롱테이크 브로우카라 #03 크림아몬드

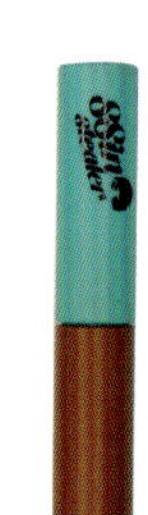

13 끌레드뽀보떼 꼬렉뙤르 비자주 컨실러 #아몬드

02 08 15 어반디케이 바이스 립스틱 #프라이머리

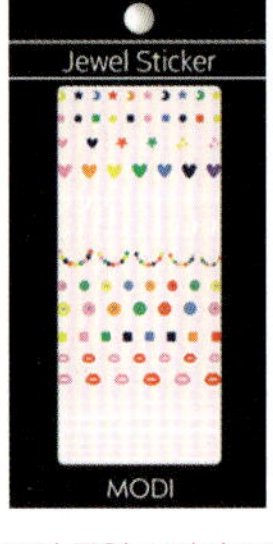

19 모디 주얼 스티커 #06

18 로라메르시에 페이스 일루미네이터 파우더 어딕션

16 네이처리퍼블릭 극세사 브로 펜슬 #03 소프트브라운

14 어반디케이 24/7 글라이드 온 립 펜슬 #아나키

COLOR LIST

01 모공 프라이머	**08** 핫핑크 립스틱	**14** 핑크 립라이너
02 핫핑크 립스틱	**09** 붉은빛이 없는 그레이브라운 스틱 컨투어	**15** 핫핑크 립스틱
03 초록색 컬러코렉터	**10** 붉은빛 스틱 컨투어	**16** 밝은 갈색 아이브로 펜슬
04 보라색 베이스	**11** 스펀지	**17** 옐로빛 브라운 아이브로
05 피부보다 한 톤 밝은 컨실러	**12** 파우더 타입 셰딩	**18** 자연스러운 타입 하이라이터
06 피부보다 한톤 어두운 컨실러	**13** 피부와 비슷한 톤의 컨실러	**19** 네일 스티커
07 밝고 화사한 파운데이션		

BASE

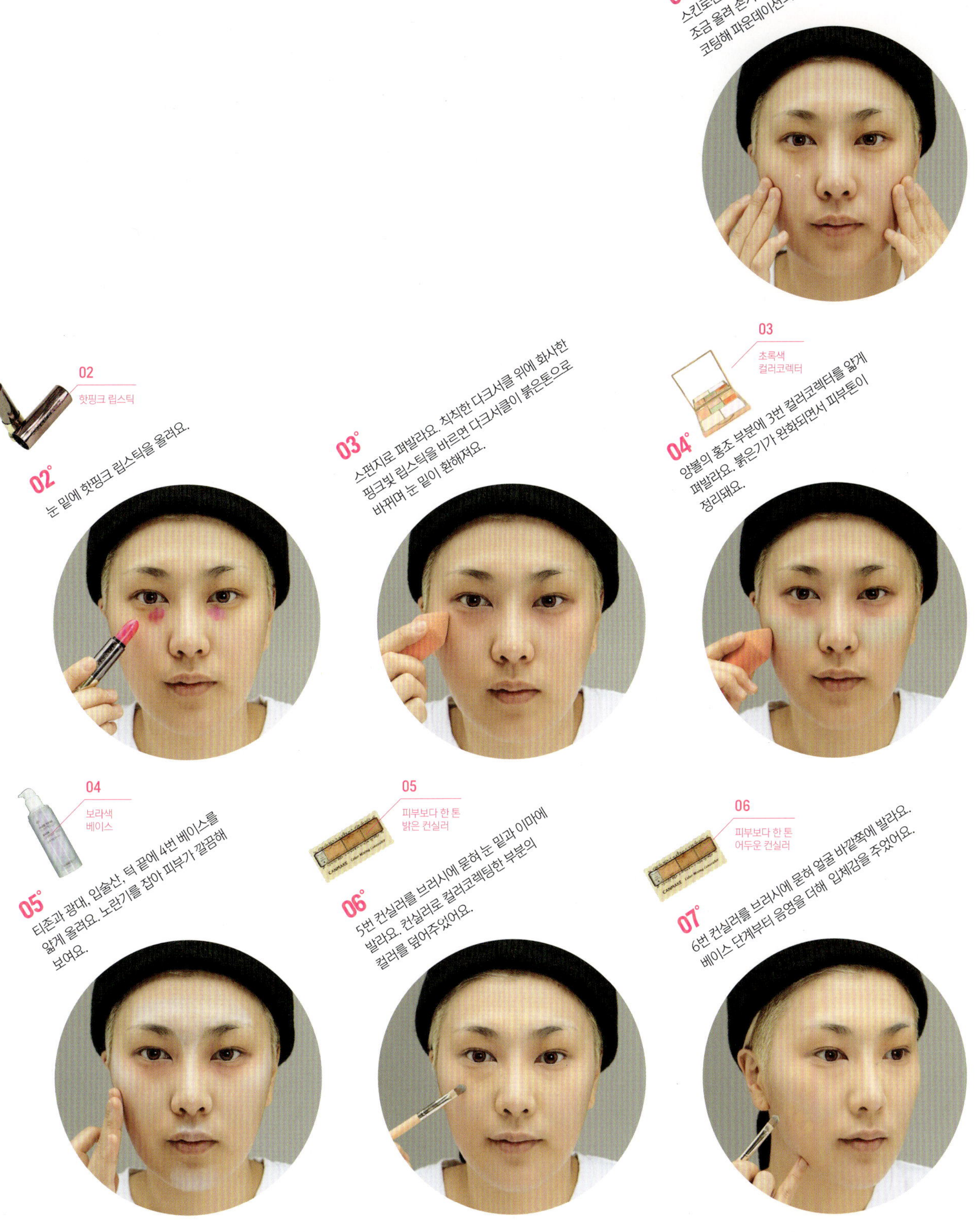

01 모공 프라이머

01° 스킨로션을 바른 뒤 코와 양볼에 모공 프라이머를 아주 조금 올려 손가락으로 펴발라요. 프라이머가 모공을 코팅해 파운데이션의 밀착력과 지속력을 높여줘요.

02 핫핑크 립스틱

02° 눈 밑에 핫핑크 립스틱을 올려요.

03° 스펀지로 펴발라요. 칙칙한 다크서클 위에 화사한 핑크빛 립스틱을 바르면 다크서클이 붉은톤으로 바뀌며 눈 밑이 환해져요.

03 초록색 컬러코렉터

04° 양볼의 홍조 부분에 3번 컬러코렉터를 얇게 펴발라요. 붉은기가 완화되면서 피부톤이 정리돼요.

04 보라색 베이스

05° 티존과 광대, 입술산, 턱 끝에 4번 베이스를 얇게 올려요. 노란기를 잡아 피부가 깔끔해 보여요.

05 피부보다 한 톤 밝은 컨실러

06° 5번 컨실러를 브러시에 묻혀 눈 밑과 이마에 발라요. 컨실러로 컬러코렉팅한 부분의 컬러를 덮어주었어요.

06 피부보다 한 톤 어두운 컨실러

07° 6번 컨실러를 브러시에 묻혀 얼굴 바깥쪽에 발라요. 베이스 단계부터 음영을 더해 입체감을 주었어요.

BASE & CHEEK & CONTOURING

07 밝고 화사한 파운데이션

08° 7번 파운데이션을 얼굴 전체에 올린 뒤 손가락으로 펴발라요.

08 핫핑크 립스틱

09° 핫핑크 립스틱을 블러셔로 한 번 더 활용! 양볼에 적당량 올려요.

10° 손가락이나 스펀지로 펴발라요. 립스틱 하나로 입술과 블러셔를 완성할 수 있어요.

09 붉은빛이 없는 그레이브라운 스틱 컨투어

11° 9번 스틱 컨투어를 턱 밑에 많이 올려요. 턱 밑은 눈에 띄지 않는 부분이기 때문에 음영을 극대화하면 얼굴이 작아 보이는 효과가 있어요.

12° 그대로 이어서 턱과 광대뼈 아래에도 올려 컨투어링해요.

10 붉은빛 스틱 컨투어

13° 10번 스틱 컨투어를 광대뼈 아래쪽에 올려요. 치크 겸 브론저로 활용가능해요.

11 스펀지

14° 스펀지로 펴발라요. 날렵하지만 혈색 있어 보이는 컨투어링 완성이에요!

12 파우더 타입 섀딩

15° 12번을 브러시에 묻혀 얼굴을 가볍게 쓸어요. 촉촉한 피부 표현을 한 뒤 파우더를 발라 마무리하면 베이스 메이크업이 고정되면서 지속력이 높아져요.

LIP & EYE & CONTOURING

HOT PINK

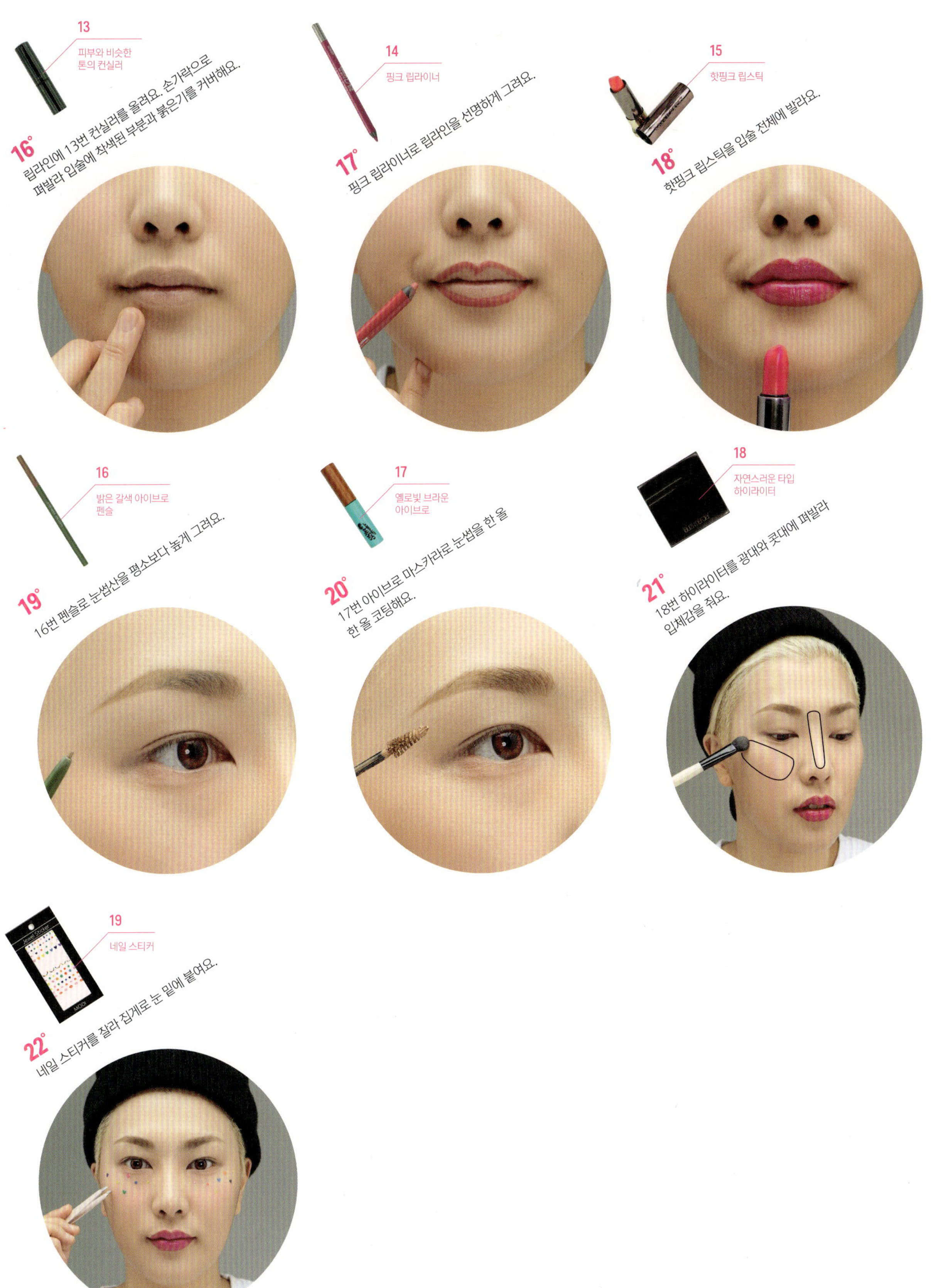

Lip Color 7

ORANGE

트로피컬 과즙을 닮은 상큼한 오렌지 컬러는 다양한 변신이 가능해요. 비비드한 오렌지 컬러를 풀립으로 연출하면 강렬하면서도 이국적인 느낌을 살릴 수 있는 반면 코랄빛이 도는 오렌지 컬러는 사랑스럽고 어려 보이는 룩을 만들 수 있지요. 피부가 노란 편이라면 붉은기가 도는 오렌지 컬러를 추천해요. 얼굴이 자연스럽게 환해지면서 건강한 섹시함을 표현할 수 있어요.

GIRLISH
MAKEUP

@SSINNIM

보송보송하면서 결점 없는 완벽한 소녀 피부 표현에 공을 들이고 컬러감도
러블리하게 표현한 메이크업이에요. 하이라이팅 섀도로 애교살을
강조하고 피치 오렌지 컬러로 눈가를 물들여요. 눈썹은 자연스러운
아치형으로 그리고 은은하게 빛나는 피치 컬러 블러셔를 볼 안쪽을 위주로
넓게 발라 어려보이는 느낌을 살렸답니다. 오렌지 코럴 컬러로 그라데이션
립을 글로시하게 연출하면 생기 있고 따뜻한 분위기의 메이크업 완성!

COSMETIC
LIST

08 구찌 룩스 피니싱
파우더 #20

12 23 에뛰드하우스 룩앳 마이
아이즈 #마지막 잎새

10 더샘 에코 소울 스웨그
젤리 섀도 #05 돈워리

11 문샷 파우더 블록 #M02 슬로진

04 21 캔메이크 컬러 믹싱 컨실러 #02
내추럴 베이지

06 더페이스샵 CC 롱래스팅 쿠션
#V203 내추럴베이지

22 베네피트 단델리온

07 언프리티랩스타 씬스틸러
비하인더 씬

13 17 코지 커빙
아이래시 컬러

25 이니스프리 글로시 립티커
#촉촉 이슬비 투명

01 메이블린 핏미 컨실러 #15 페어

02 03 메이블린 핏미 컨실러 #20 샌드

14 더샘 에코 소울 파워프루프 초슬림 아이라이너 #BK01 나이트블랙

15 케이크메이크 이지 브러시 아이라이너 #01 블랙

05 캔메이크 컬러 스틱 컨실러 #02 내추럴 베이지

20 이니스프리 뷰로 위즈 #투미

24 어반디케이 바이스 립스틱 #뱅

18 가스비 EX무스커라 롱앤컬

09 언프리티랩스타 씬스틸러 프레임 섀도 컬렉션 #02 딥포커스

19 언프리티랩스타 씬스틸러
아트필름 래시 #04 언더토이

16 언프리티랩스타 씬스틸러
아트필름 래시 #01 볼륨아이

COLOR
LIST

01 피부보다 한 톤 밝은 컨실러

02 피부와 비슷한 톤의 컨실러

03 피부와 비슷한 톤의 컨실러

04 피부와 비슷한 톤의 컨실러

05 채도가 높은 오렌지빛 스틱
컨실러

06 밀착력 좋고 매트한 마무리감의
쿠션

07 붉은빛이 약간 도는 자연스러운
그림자색 섀딩

08 피부보다 한 톤 밝은 파우더

09 시머한 펄감의 베이지
하이라이트 아이섀도

10 시머한 피치오렌지 아이섀도

11 매트한 피치오렌지 아이섀도

12 브라운 아이섀도

13 뷰러

14 블랙 펜슬 아이라이너

15 블랙 붓펜 아이라이너

16 중앙에 볼륨이 많은 인조속눈썹

17 뷰러

18 블랙 마스카라

19 언더래시 전용 인조속눈썹

20 회갈색 얇은 아이브로 펜슬

21 피부보다 한 톤 밝은 컨실러

22 핑크 블러셔

23 브라운 아이섀도

24 오렌지 립스틱

25 촉촉한 투명 립글로스

BASE & CONTOURING

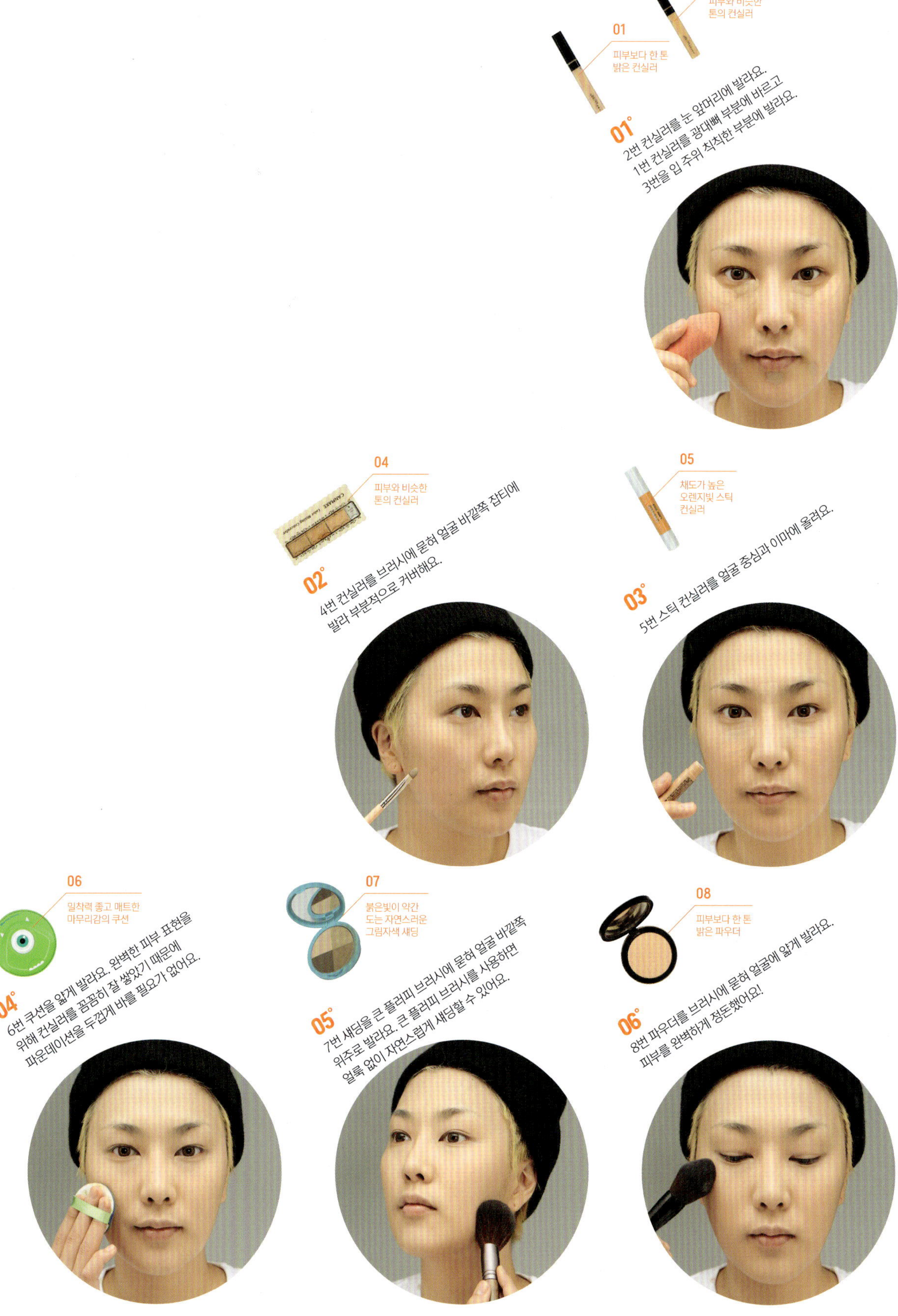

01° 2번 컨실러를 눈 앞머리에 발라요.
1번 컨실러를 광대뼈 부분에 바르고
3번을 입 주위 칙칙한 부분에 발라요.

02° 4번 컨실러를 브러시에 묻혀 얼굴 바깥쪽 잡티에
발라 부분적으로 커버해요.

03° 5번 스틱 컨실러를 얼굴 중심과 이마에 올려요.

04° 6번 쿠션을 얇게 발라요. 완벽한 피부 표현을
위해 컨실러를 꼼꼼히 잘 쌓았기 때문에
파운데이션을 두껍게 바를 필요가 없어요.

05° 7번 섀딩을 큰 플러피 브러시에 묻혀 얼굴 바깥쪽
위주로 발라요. 큰 플러피 브러시를 사용하면
얼룩 없이 자연스럽게 섀딩할 수 있어요.

06° 8번 파우더를 브러시에 묻혀 얼굴에 얇게 발라요.
피부를 완벽하게 정돈했어요!

EYE

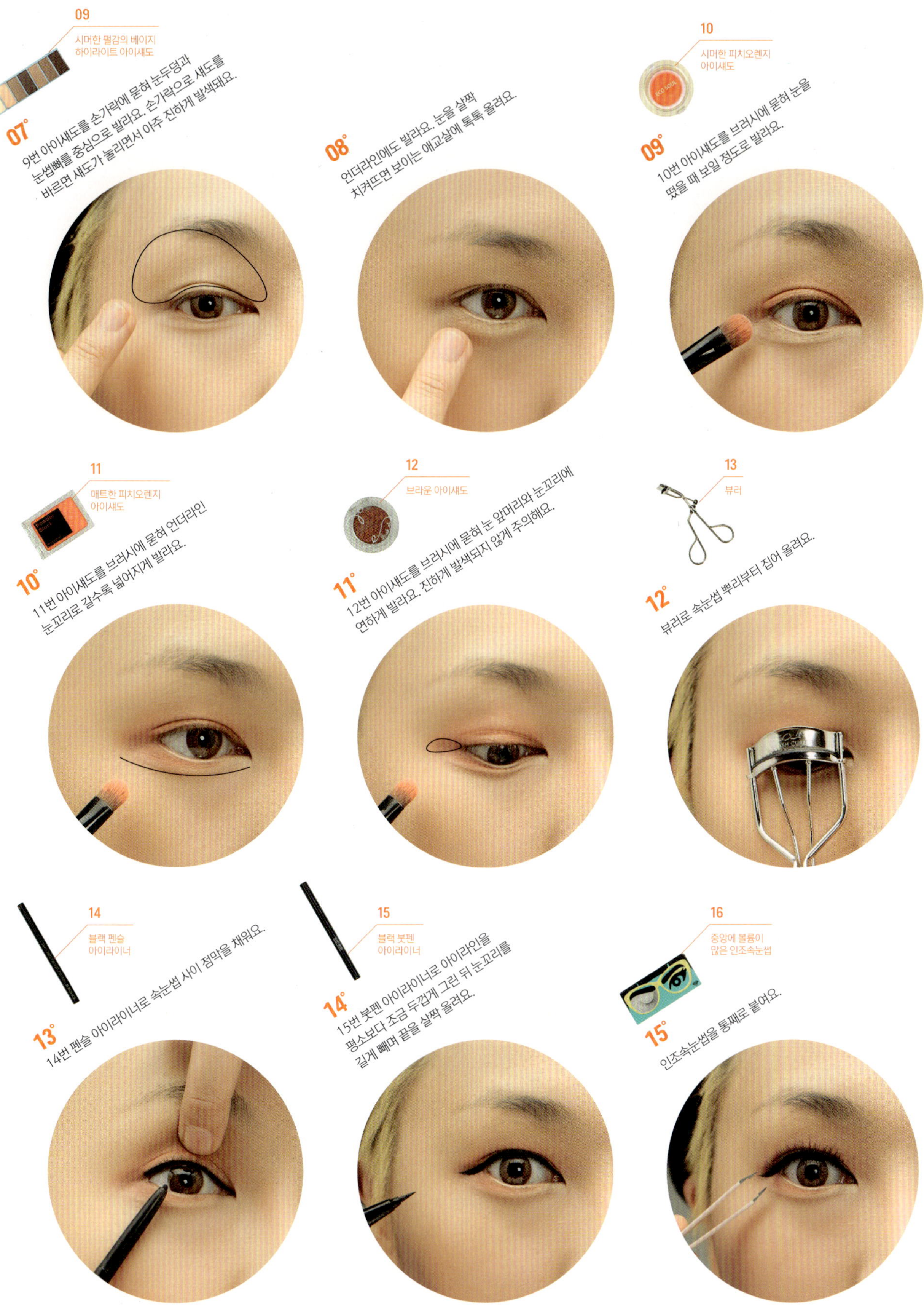

09
시머한 펄감의 베이지
하이라이트 아이섀도

07˚
9번 아이섀도를 손가락에 묻혀 눈두덩과
눈썹뼈를 중심으로 발라요. 손가락으로 섀도를
바르면 섀도가 눌리면서 아주 진하게 발색돼요.

10
시머한 피치오렌지
아이섀도

08˚
언더라인에도 발라요. 눈을 살짝
치켜뜨면 보이는 애교살에 톡톡 올려요.

09˚
10번 아이섀도를 브러시에 묻혀 눈을
떴을 때 보일 정도로 발라요.

11
매트한 피치오렌지
아이섀도

10˚
11번 아이섀도를 브러시에 묻혀 언더라인
눈꼬리로 갈수록 넓어지게 발라요.

12
브라운 아이섀도

11˚
12번 아이섀도를 브러시에 묻혀 눈 앞머리와 눈꼬리에
연하게 발라요. 진하게 발색되지 않게 주의해요.

13
뷰러

12˚
뷰러로 속눈썹 뿌리부터 집어 올려요.

14
블랙 펜슬
아이라이너

13˚
14번 펜슬 아이라이너로 속눈썹 사이 점막을 채워요.

15
블랙 붓펜
아이라이너

14˚
15번 붓펜 아이라이너로 아이라인을
평소보다 조금 두껍게 그린 뒤 눈꼬리를
길게 빼며 끝을 살짝 올려요.

16
중앙에 볼륨이
많은 인조속눈썹

15˚
인조속눈썹을 통째로 붙여요.

EYE & CHEEK

17
뷰러

16° 뷰러로 속눈썹과 인조속눈썹을 함께 집어 올려요.
한 번에 힘을 주면 인조속눈썹이 구부러져요.
힘 조절을 하며 살살 집어 올려요.

18
블랙 마스카라

17° 18번 마스카라를 뿌리 쪽에 덧바르며 인조속눈썹을
고정해요. 속눈썹 끝부분이 뭉치지 않게 잘 다듬어요.

18° 면봉 나무 부분을 불에 살짝 달궈요. 아랫속눈썹에
대고 아래로 빗으며 방향을 맞춰요.

19° 마스카라를 아랫속눈썹에 발라요. 아랫속눈썹의
방향을 맞춰놓아 마스카라를 쉽게 바를 수 있어요.

19
언더래시 전용
인조속눈썹

20° 아랫속눈썹이 가운데만 풍성하고 앞뒤에는 적다면
언더라인 전용 인조속눈썹을 조각조각 잘라 부족한
부분에 붙여요. 아랫속눈썹이 고르게 났다면 생략해요.

20
회갈색 얇은
아이브로 펜슬

21° 20번 아이브로 펜슬로 눈썹 앞머리 결을
살려 눈썹을 그려요.

21
피부보다 한 톤
밝은 컨실러

22° 21번 컨실러를 브러시에 묻혀 눈썹 주변을 정리해요.
평소보다 좀 더 낮은 아치형을 만들었어요.

22
핑크 블러셔

23° 22번 블러셔를 브러시에 묻혀 얼굴 안쪽
양볼에 넓게 발라요.

23
브라운 아이섀도

24° 23번 아이섀도를 브러시에 묻혀 아이라인
위쪽으로 쌍꺼풀 라인을 이어 그려요.

LIP

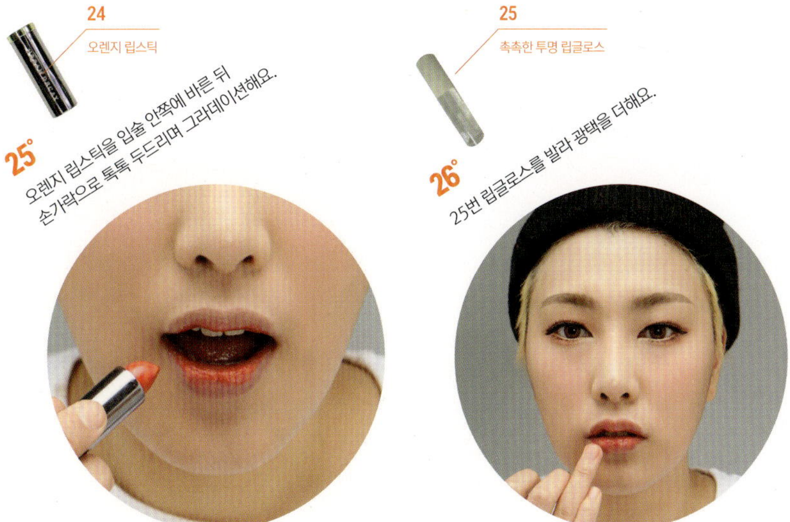

24
오렌지 립스틱

25
촉촉한 투명 립글로스

25°
오렌지 립스틱을 입술 안쪽에 바른 뒤
손가락으로 톡톡 두드리며 그라데이션해요.

26°
25번 립글로스를 발라 광택을 더해요.

SUNKIST MAKEUP

@ LAMUQE

앞을 언에서 형광등이 켜진 듯 화사하고 촉촉하게 피부 표현을 하고
피치 칼라서로 자연스런 혈색을 더해준 뒤 속눈썹에 힘을 줘요.
포인트로 오렌지 립스틱을 살짝 번지듯 발라주면 입술을 강조한
선키스트 메이크업을 완성할 수 있어요.

COSMETIC
LIST

01 이니스프리 미네랄
모이스처 피팅 베이스

06 리피레루 마츠게 #RP 13

14 아워글라스 앰비언트
하이라이터

02 루나 에센스 수분광 팩트
이엑스 #21 라이트베이지

04 맥 아이섀도 #소바

13 이글립스 애플 핏 크림
블러셔 #C3 쥬시코랄

03 코지 커빙
아이래시
컬러

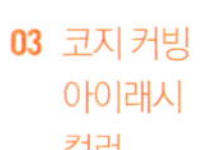

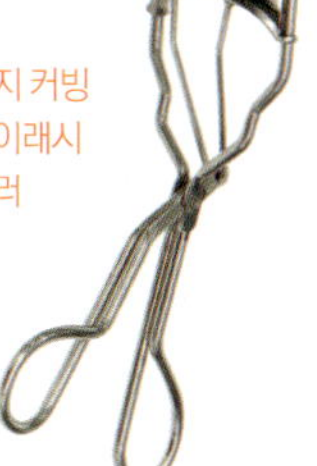

09 정샘물 아티스트 컨실러 팔레트 #스킨

07 네이처리퍼블릭 뷰티툴 속눈썹 #06 언더래시

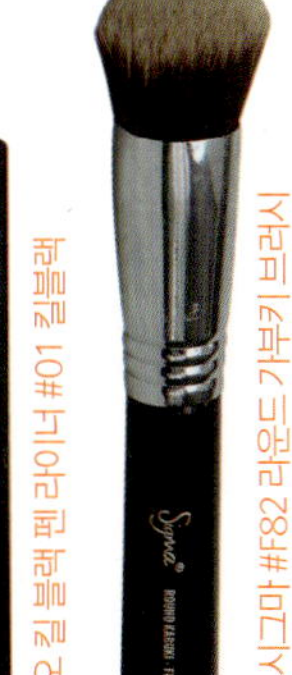

15 어반디케이 립스틱 #뱅

08 페리페라 잉크 볼륨 카라 #블랙세팅

10 네이처리퍼블릭 드로잉 아이브로우 펜슬 #04 다크브라운

11 페리페라 노즈엉 섀딩 #02 엣지섀딩

05 클리오 킬블랙 워터프루프 펜라이너 #01 블랙

12 시그마 #F82 라운드 카부키 브러시

COLOR
LIST

01 촉촉한 타입의 메이크업베이스
02 촉촉한 타입의 수분광 파운데이션
03 뷰러
04 카키빛이 도는 그윽한 음영 아이섀도
05 블랙 붓펜 아이라이너
06 길이가 길고 촘촘한 인조속눈썹
07 언더라인 전용 인조속눈썹
08 블랙 볼륨 마스카라
09 피부와 비슷한 톤의 컨실러
10 진한 브라운 아이브로
11 리퀴드 타입 섀딩
12 모가 부드러운 브러시
13 피치코랄 크림 블러셔
14 투명한 빛의 하이라이터
15 진한 다홍빛 오렌지 립스틱

BASE & EYE

01
촉촉한 타입의
메이크업베이스

01° 1번 메이크업베이스를 얼굴 전체에 펴발라
피부에 수분을 더해요.

02
촉촉한 타입의
수분광 파운데이션

02° 2번 파운데이션을 얇게 피부에 밀착시켜요.

03
뷰러

03° 뷰러로 속눈썹을 꼼꼼히 컬링해요.

04
카키빛이 도는 그윽한
음영 아이섀도

04° 4번 아이섀도를 브러시에 묻혀 눈두덩에
넓게 발라요.

05° 눈썹 아래 코뼈 라인에도 가로로 음영을
넣어 짧고 오똑한 이국적인 느낌의 콧대를
표현해요. 언더에도 넓게 음영을 넣어요.

05
블랙 붓펜
아이라이너

06° 5번 펜 아이라이너로 꼬리로 갈수록 점점 두껍게
캣츠 아이라인을 그려요.

06
길이가 길고 촘촘한
인조속눈썹

07° 중간중간 촘촘한 인조속눈썹을 붙여요.

07
언더라인 전용
인조속눈썹

08° 7번 인조속눈썹을 두 가닥씩 잘라 눈물샘
아래쪽을 시작으로 언더 전체에 붙여요.
아래로 확 트인 큰 눈을 만들 수 있어요.

08
블랙 볼륨 마스카라

09° 8번 마스카라로 속눈썹을 쓸어요.

EYE & CONTOURING & CHEEK & LIP

09 피부와 비슷한 톤의 컨실러

10° 9번 컨실러를 브러시에 묻혀 애교살 아래 앞볼 부분에 넓게 칠해요.

10 진한 브라운 아이브로

11° 10번 아이브로 펜슬로 눈썹 모양을 따라 그려요. 내장 스크류 브러시로 눈썹을 따라 빗어 자연스럽게 펴발라요.

11 리퀴드 타입 섀딩

12° 11번 섀딩으로 얼굴 바깥 라인의 광대와 턱, 이마에 쏙쏙 그어요. 콧방울도 감싸듯 그어요.

12 모가 부드러운 브러시

13° 12번 브러시를 동글동글 굴리며 얼굴 바깥 라인, 광대, 턱, 이마, 콧방울 부분을 블렌딩해요.

13 피치코랄 크림 블러셔

14° 13번 크림 블러셔를 손가락에 찍어 앞볼 중앙부터 광대를 사선으로 감싸요. 건강하고 생기 있어 보여요.

14 투명한 빛의 하이라이터

15° 14번 하이라이터를 브러시에 묻혀요. 콧방울과 콧대, 눈 아래 광대를 쓸어 모든 각도에서 빛나는 피부로 만들어요.

16° 인중과 입술산, 앞턱에도 쓸어주어 또렷한 입술선과 볼륨 있는 턱을 만들어요..

15 진한 다홍빛 오렌지 립스틱

17° 진한 다홍빛 오렌지 립스틱으로 립라인을 꽉 채워 발라요.

18° 면봉으로 바깥 라인을 스머지해 라인을 부드럽게 만들어요. 또렷하면서도 부드러운 립 메이크업 완성!

Lip Color 8

BRICK RED

원래 입술색인듯 자연스러우면서 더 스타일리시하게 연출하는 립 메이크업인 MLBB
(My Lips But Better)의 인기가 SNS를 중심으로 뜨거웠지요. 말린 장미를 연상시키는
낮은 채도의 브라운 핑크 컬러는 많은 뷰티 셀럽이 인생 립스틱으로 선보이면서 큰 사랑을
받았어요. 차분하면서도 우아하고, 본연의 입술색처럼 자연스러워 데일리 메이크업으로도
손색이 없어요. 눈에 음영을 살려 세미 스모키로 연출하면 따뜻하고 우아하며 여성스러운
매력을 더할 수 있어요.

SSIN & LAMUQE MAKE-UP
BRICK RED

DRY
FLOWER
MAKEUP

@ LAMUQE

드라이플라워의 깊은 색조는 고혹적이면서 우아하고 신비로운 매력을 살려주지요. 브라운 컬러로 세미 스모키 아이를 연출하고 골드펄로 영롱함을 더해주세요. 마무리로 브릭레드 립스틱을 입술 라인이 옅게 번지는 느낌으로 채워 여성스러우면서 따스한 메이크업을 완성합니다.

COSMETIC
LIST

COLOR
LIST

01 피부와 비슷한 톤의 BB크림
02 퍼플 자주색 블러셔
03 애시빛 음영 아이섀도
04 진한 브라운 아이섀도
05 펄감의 피치골드 아이섀도
06 진한 브라운 펜슬 아이라이너
07 브론징 골드 글리터
08 길고 풍성한 인조속눈썹
09 블랙 마스카라
10 진한 브라운 아이브로 펜슬
11 피부보다 한 톤 어두운 섀딩
12 깨끗하게 표현되는 하이라이터
13 브릭레드 립스틱

BASE & CHEEK & EYE

EYE

05
펄감의 피치 골드
아이섀도

06
진한 브라운 펜슬 아이라이너

07
브론징 골드
글리터

08
길고 풍성한
인조속눈썹

09
블랙 마스카라

09° 5번 아이섀도를 손가락에 묻혀
눈두덩 중앙에 발라요.

10° 6번 펜슬 아이라이너로 속눈썹
라인을 따라 아이라인을 그려요.

11° 언더라인은 앞쪽과 가운데 부분은 점막을
채우고 뒤쪽은 속눈썹 라인을 따라 그려요.

12° 그윽하게 빛나는 광을 연출했어요.

13° 7번 글리터를 브러시에 묻혀
언더라인 가운데를 중심으로 발라요.

14° 에스닉한 화려함이 이국적인
분위기를 만들어요.

15° 8번 인조속눈썹을 붙여요.

16° 9번 마스카라를 속눈썹에 발라요.

17° 아랫속눈썹에도 발라 더욱 풍성하게
표현해요.

EYE & CONTOURING & LIP

10
진한 브라운
아이브로 펜슬

18° 10번 아이브로 펜슬로 눈썹을 진한 일자
모양으로 그려요.

19° 스크류 브러시로 펴발라요.

11
피부보다 한 톤
어두운 섀딩

20° 11번 스틱 섀딩으로 얼굴 바깥쪽을
따라 그어요.

21° 부드럽고 촘촘한 브러시로 펴발라요.

22° 코는 블렌딩 브러시로
펴발라요.

12
깨끗하게 표현되는
하이라이터

23° 12번 하이라이터로 콧등과
눈썹뼈, 입술산을 쓸어요.

24° 눈 아래 볼에도 바깥쪽으로
쓸어줘요. 피부를 화사하게 밝히는
효과가 있어요.

13
브릭레드
립스틱

25° 브릭레드 립스틱을 입술 전체에 바르되 입술
라인이 옅게 번지는 느낌으로 발라요.

26° 드라이플라워 메이크업 완성!

"

PURE
DAILY
MAKEUP

© SUNNIS

색조를 절제 있게 사용하면서 음영을 살려 그윽하고 깊은 눈매를
연출해요. 속눈썹을 위아래로 강조하고 브릭레드 컬러 립스틱을 바르면
데일리 메이크업으로도 손색없어요. 입술 컬러를 돋보이게 하려면 얼굴에
보라색 베이스를 조금씩 얇게 펴발라 칙칙한 노란기를 잡아주세요.

BRICK RED

COSMETIC LIST

14 네이처리퍼블릭 누씨 브로 펜슬 #04 다크브라운

09 더샘 에코 소울 파워프루프 초슬림 아이라이너 #BR03 태디브라운

03 슈에무라 블랑 크로마 UV 쿠션 파운데이션 #764

04 15 언프리티랩스타 씬스틸러 비하인더 씬

17 어반디케이 바이스 립스틱 #히치하이크

08 13 시세이도 뷰러

02 네이처리퍼블릭 프로방스 인텐시브 앰플 메이크업베이스 #02 라벤더

16 어반디케이 애프터 글로 에잇아워 파우더 블러시 #인디센트

05 어반디케이 네이키드2 아이섀도 팔레트

10 아리따움 아이돌 래시 BASIC #04 딥브라운

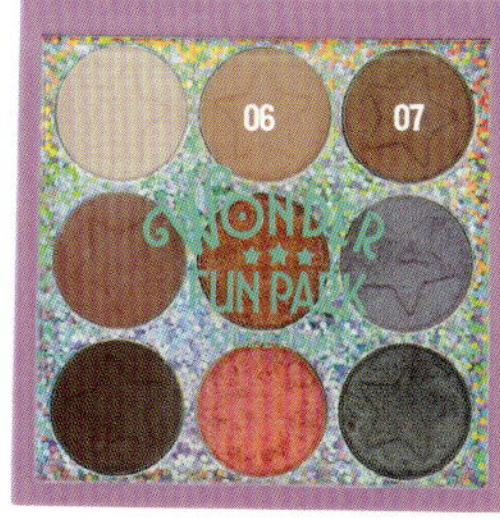

06 07 에뛰드하우스 원더 펀 파크 컬러아이즈 #02 한밤의 퍼레이드

01 캔메이크 컬러 스틱 컨실러 #02 내추럴 베이지

12 슈에무라 페탈 래시 마스카라

11 언프리티랩스타 씬스틸러 아트필름 래시 #04 언더토이

COLOR LIST

01 오렌지빛이 도는 채도 높고 화사한 스틱 컨실러
02 보라색 메이크업베이스
03 보송한 마무리감의 쿠션 팩트
04 붉은빛이 약간 도는 자연스러운 그림자색 셰딩
05 시머 베이지 아이섀도

06 홍차색 아이섀도
07 진한 브라운 홍차색 아이섀도
08 뷰러
09 브라운 펜슬 아이라이너
10 자연스러운 모양의 인조속눈썹
11 언더라인 전용 인조속눈썹
12 롱래시 블랙 마스카라

13 뷰러
14 붉은빛 얇은 아이브로 펜슬
15 붉은빛이 없는 자연스러운 그림자색 셰딩
16 은은한 주황색 블러셔
17 브릭레드 립스틱

BASE & CONTOURING

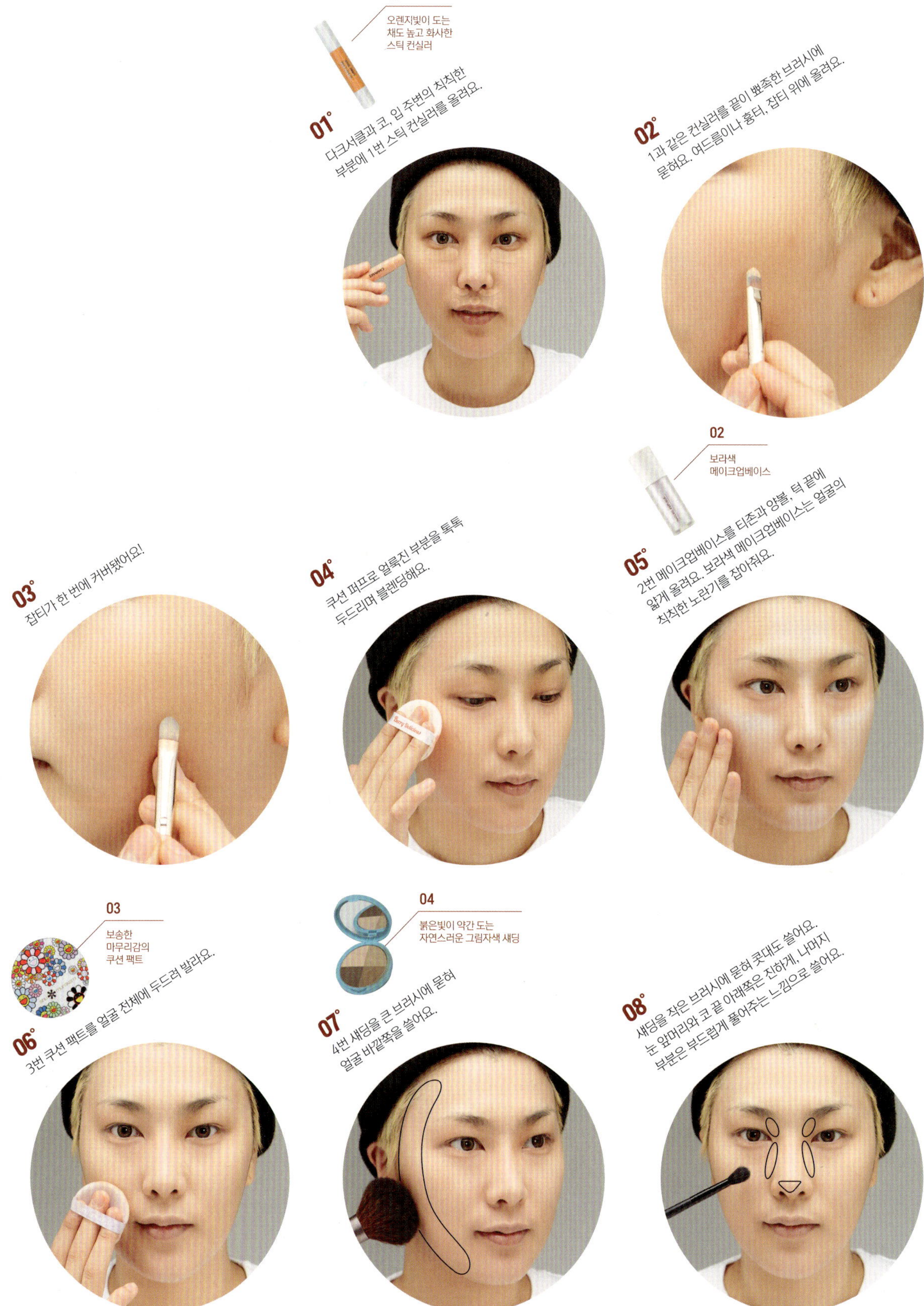

01
오렌지빛이 도는
채도 높고 화사한
스틱 컨실러

01° 다크서클과 코, 입 주변의 칙칙한
부분에 1번 스틱 컨실러를 올려요.

02° 1과 같은 컨실러를 끝이 뾰족한 브러시에
묻혀요. 여드름이나 흉터, 잡티 위에 올려요.

03° 잡티가 한 번에 커버됐어요!

04° 쿠션 퍼프로 얼룩진 부분을 톡톡
두드리며 블렌딩해요.

02
보라색
메이크업베이스

05° 2번 메이크업베이스를 티존과 양볼, 턱 끝에
얇게 올려요. 보라색 메이크업베이스는 얼굴의
칙칙한 노란기를 잡아줘요.

03
보송한
마무리감의
쿠션 팩트

06° 3번 쿠션 팩트를 얼굴 전체에 두드려 발라요.

04
붉은빛이 약간 도는
자연스러운 그림자색 섀딩

07° 4번 섀딩을 큰 브러시에 묻혀
얼굴 바깥쪽을 쓸어요.

08° 섀딩을 작은 브러시에 묻혀 콧대도 쓸어요.
눈 앞머리와 코 끝 아래쪽은 진하게, 나머지
부분은 부드럽게 풀어주는 느낌으로 쓸어요.

EYE

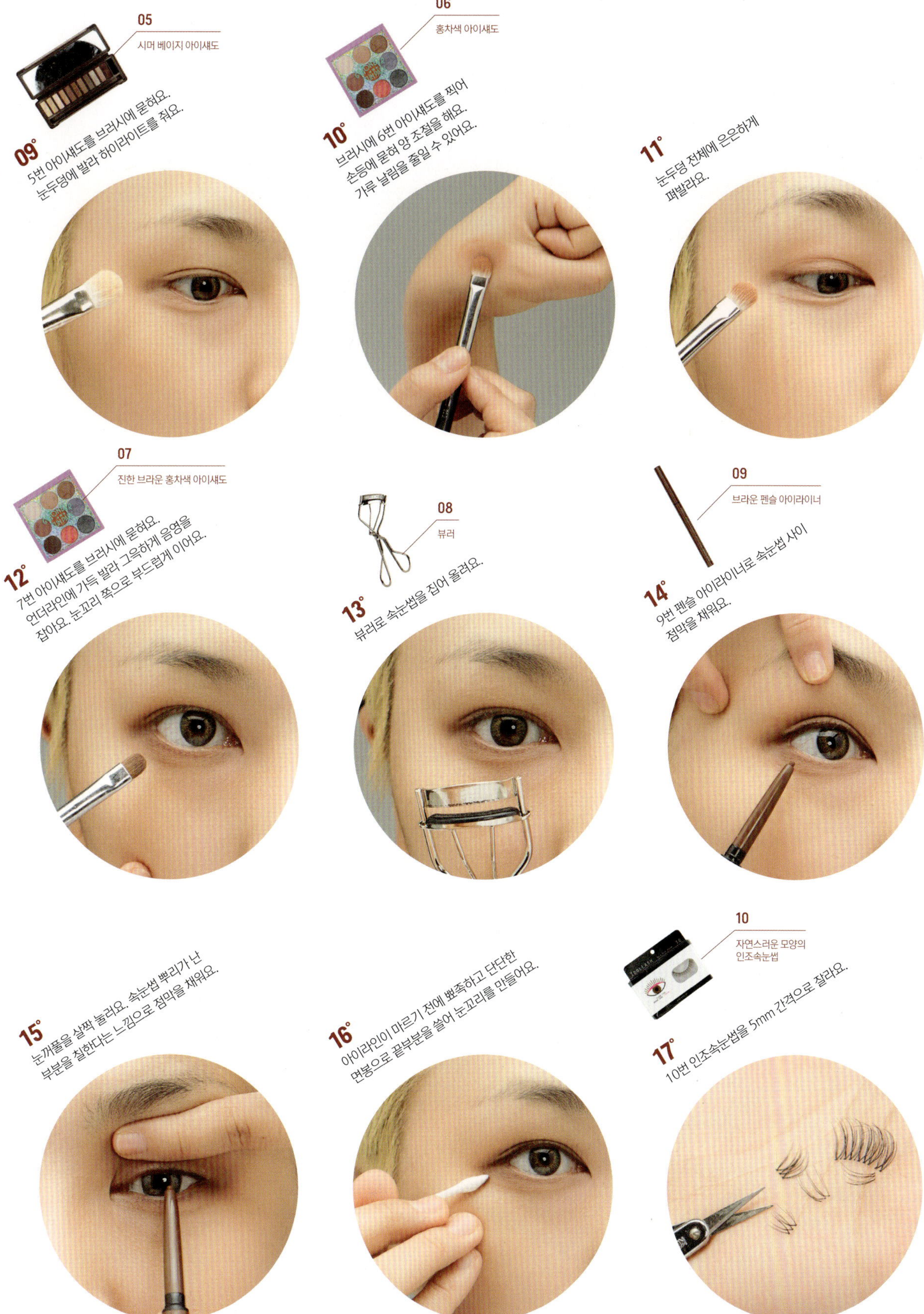

05
시머 베이지 아이섀도

09°
5번 아이섀도를 브러시에 묻혀요.
눈두덩에 발라 하이라이트를 줘요.

06
홍차색 아이섀도

10°
브러시에 6번 아이섀도를 찍어
손등에 묻혀 양 조절을 해요.
가루 날림을 줄일 수 있어요.

11°
눈두덩 전체에 은은하게
펴발라요.

07
진한 브라운 홍차색 아이섀도

12°
7번 아이섀도를 브러시에 묻혀요.
언더라인에 가득 발라 그윽하게 음영을
잡아요. 눈꼬리 쪽으로 부드럽게 이어요.

08
뷰러

13°
뷰러로 속눈썹을 집어 올려요.

09
브라운 펜슬 아이라이너

14°
9번 펜슬 아이라이너로 속눈썹 사이
점막을 채워요.

15°
눈꺼풀을 살짝 눌러요. 속눈썹 뿌리가 난
부분을 칠한다는 느낌으로 점막을 채워요.

16°
아이라이이 마르기 전에 뾰족하고 단단한
면봉으로 끝부분을 쓸어 눈꼬리를 만들어요.

10
자연스러운 모양의
인조속눈썹

17°
10번 인조속눈썹을 5mm 간격으로 잘라요.

EYE

18° 눈까풀을 들고 가운데를 중심으로 속눈썹
아래에 한올 한올 붙여요.

19° 붙이는 과정이 귀찮고 오래 걸리지만
속눈썹 아래에 인조속눈썹을 붙이면 더욱
자연스럽고 볼륨감 있어 보여요.

11 언더라인 전용 인조속눈썹

20° 언더라인 전용 인조속눈썹을 잘라
아랫속눈썹의 눈머리 쪽 빈 부분에
조각조각 붙여요.

12 롱래시 블랙 마스카라

21° 12번 마스카라로 아랫속눈썹을 꼼꼼히
발라요.

13 뷰러

22° 뷰러로 속눈썹과 인조속눈썹을 동시에
집어요. 뿌리부터 끝쪽으로 조금씩
집어가며 속눈썹을 올려요.

14 붉은빛 얇은
아이브로 펜슬

23° 14번 아이브로 펜슬로 눈썹산을
살려 아치형 눈썹을 그려요.

24° 눈썹을 꼼꼼히 채워 날렵한 모양을
완성해요. 약간 붉은빛이 있는 컬러를
사용해 눈 화장과 매치했어요.

25° 손으로 눈까풀을 살짝 들고 속눈썹 뿌리에
마스카라를 꼼꼼히 발라요.

CONTOURING & CHEEK & LIP

15
붉은빛이 없는
자연스러운
그림자색 셰딩

26°
15번 셰딩을 브러시에 묻혀 광대뼈 아래 턱 라인을
따라 쓸며 자연스러운 그림자를 만들어요.

16
은은한 주황색
블러셔

27°
16번 블러셔를 브러시에 묻혀요. 웃었을 때
가장 높이 올라오는 애플존에 펴발라요.

17
브릭레드 립스틱

28°
브릭레드 립스틱을 입술 전체에 발라요.

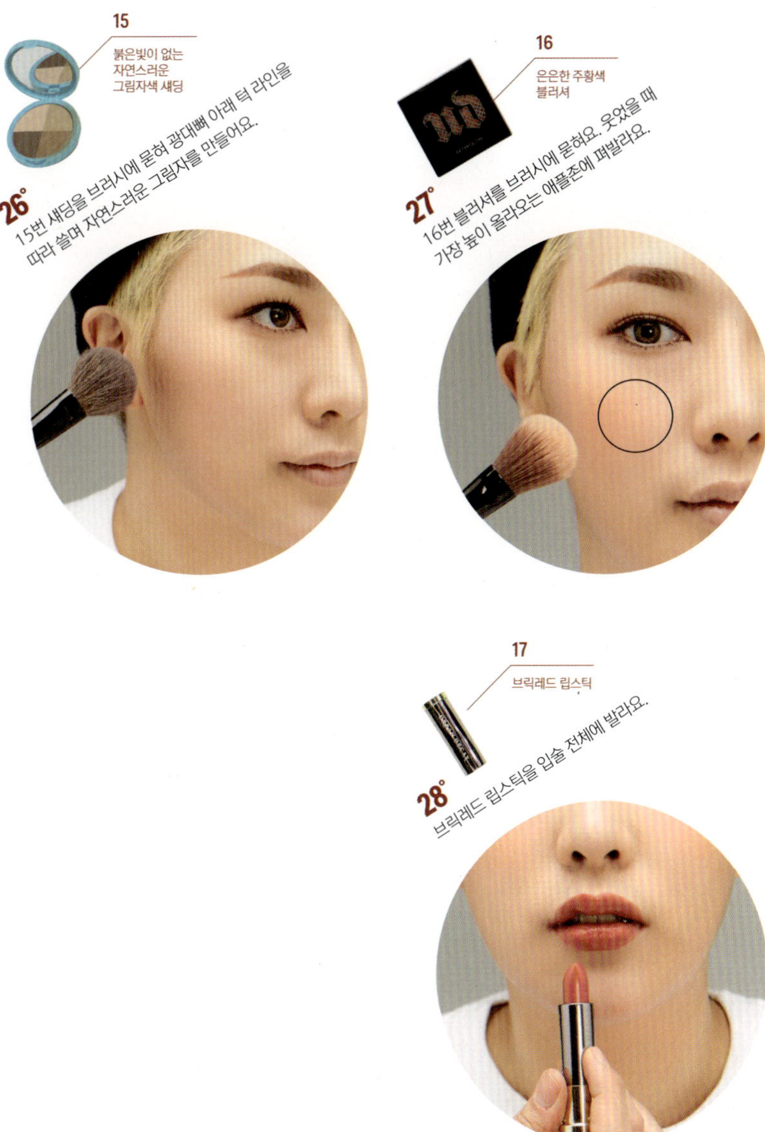

Lip Makeup Tutorials

@ LAMUQE

누드 립 메이크업

 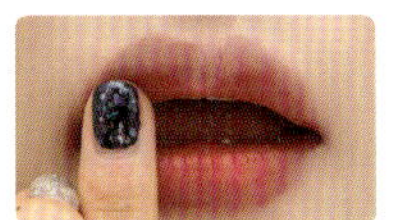 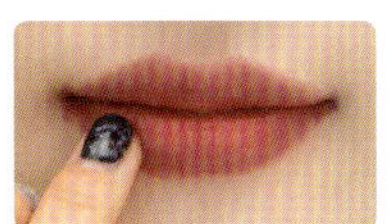  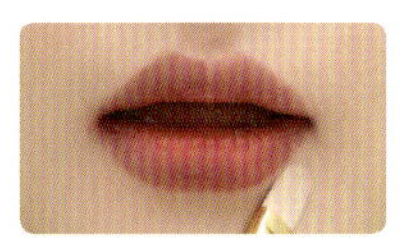 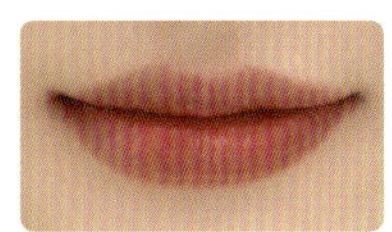

01°
손가락에 립스틱을
묻혀요.

02°
입술 안쪽을
중심으로 톡톡
얹어요.

03°
안쪽에서 입술 바깥
라인까지 넓게
펴발라요.

04°
컬러가 은은하게
스미는 느낌으로
표현돼요.

05°
컨실러를 묻힌
브러시로 입술 라인
바깥쪽을 깔끔하게
덧칠하여 정리해요.

06°
깔끔하면서
본래 입술처럼
자연스럽게 완성!

내추럴 립 그라데이션

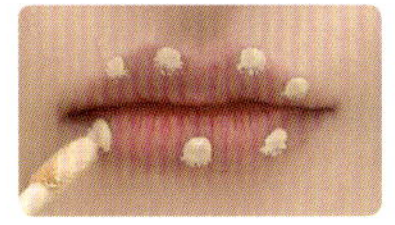 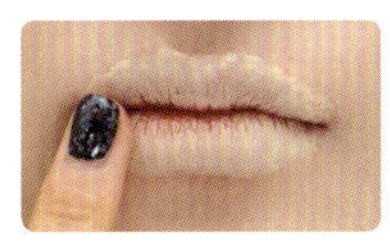  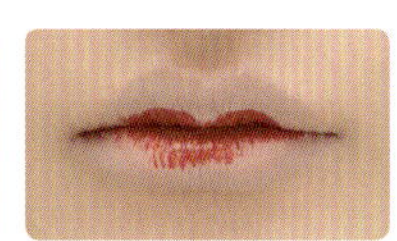 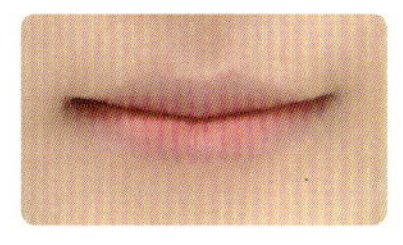 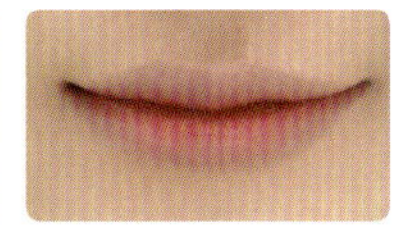

01°
리퀴드 컨실러를
입술 라인을 따라
콕콕 찍어요.

02°
손가락으로
컨실러를 풀며 입술
전체에 꽉 채워
커버해요.

03°
립스틱을 입술
안쪽에만 콕콕 찍듯
색을 입혀요.

04°
아랫입술도 러프한
느낌으로 가늘게
그어요.

05°
양 입술을 포개며
음파음파! 색이
번지게 해주세요.

06°
자연스럽게 물든
느낌으로 번지는
그라데이션 립 완성!

풀 립 그라데이션

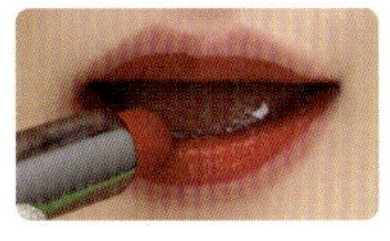 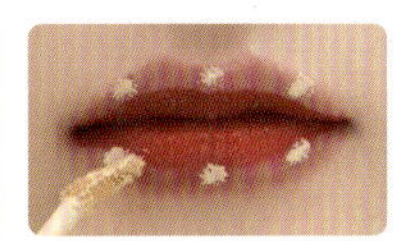 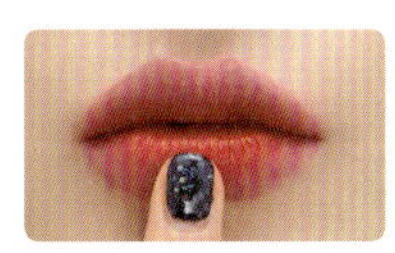 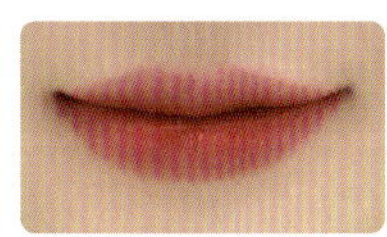

01°
립스틱을 입술 안쪽
반 정도만 채워요.

02°
립스틱을 칠하지 않은
입술 바깥라인에
리퀴드 컨실러를 톡톡
찍어요.

03°
컨실러와 립스틱의
경계를 부드럽게
풀면서 손가락으로
펴발라요.

04°
입술을 꽉 채운
그라데이션 완성!

블록 립 메이크업

01°
립 브러시로 입술
라인을 따라 넓게
라인을 그려요.

02°
누디한 코랄 베이지
립스틱으로 안쪽을
채워요.

03°
립 브러시로 두 색을
자연스럽게 섞으며
그라데이션해요.

04°
볼륨감 있는 입술
완성!

풀 립 메이크업

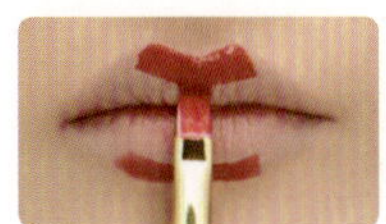 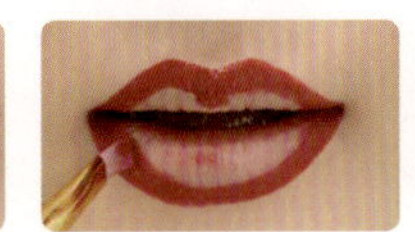    

01°
입술산과 아랫입술
바깥 라인에 짧게
중심축을 잡아요.

02°
입술라인을 따라 원하는
입술 모양으로 라인을
그려요. 입꼬리는
아래로 둥글게 그려요.

03°
입술 바깥 라인이
깔끔하고 또렷해야
깨끗한 립 메이크업을
할 수 있어요.

04°
입술 라인 안쪽 비워져
있는 부분을 아랫
입술부터 립스틱으로
쓱쓱 채워요.

05°
윗입술도 꽉 채워서
그려요.

06°
입꼬리가 올라간
또렷하고 깔끔한
풀 커버 립 완성!

오버 립 메이크업

01°
입술 모양을 따라
립스틱을 발라요.

02°
입술 라인 바깥쪽에
라인을 그려요.
아랫입술을 더 넓게
그리는 게 예뻐요.

03°
윗입술도 바깥쪽에
라인을 그린 뒤
립브러시로 정리해요.

04°
아랫입술도 라인을
깔끔하게 정리해요.

05°
섹시하고 볼드한
립 완성!

수정 방법

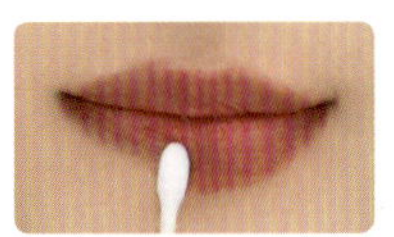 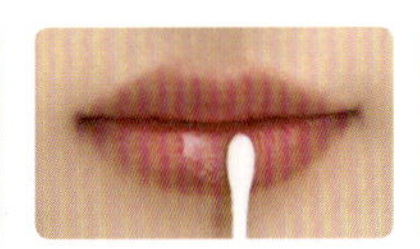 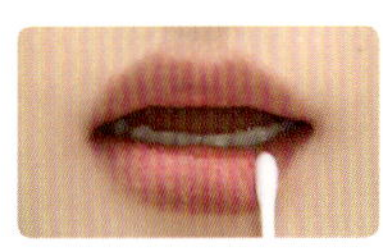 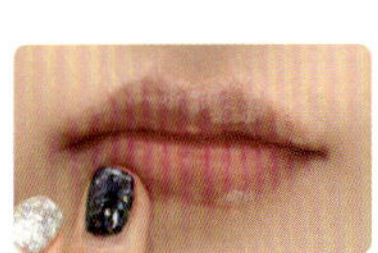 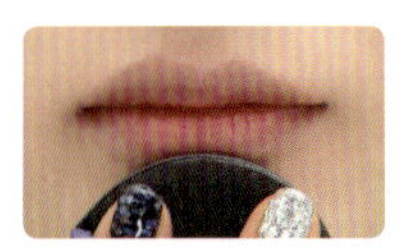 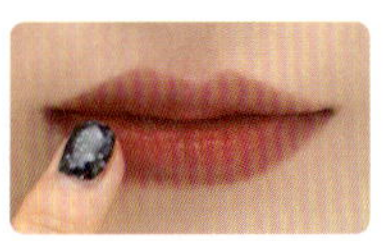

01°
스킨을 묻힌
면봉으로 립스틱
잔여물을 닦아내요.

02°
립밤을 입술에 소량
덜어요.

03°
면봉으로 문지르며
보습을 더해요.

04°
컨실러를 입술
라인과 입 주변에
발라요.

05°
퍼프로 두드려
피부를 깨끗하게
커버해요.

06°
원하는 스타일로
립을 발라주면 끝!

클렌징

  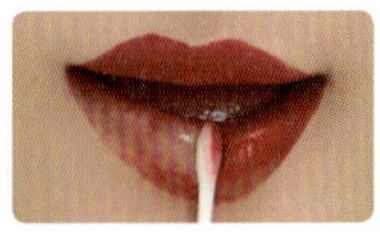 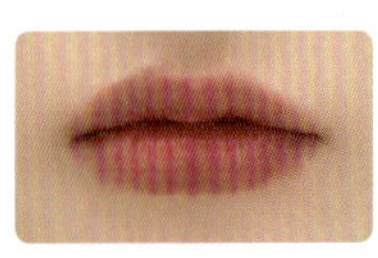

01°
립앤아이 리무버
또는 클렌징 워터를
면봉에 묻혀요.

02°
입술 바깥 라인부터
닦아요. 면봉으로 닦아야
더욱 정교하고 깔끔해요.

03°
바깥 라인이 닦였다면
입술 안쪽을 닦아요.

04°
면봉에 더 이상
색이 묻어나지 않을
때까지 닦아요.

Lip Color 9

BURGUNDY WINE

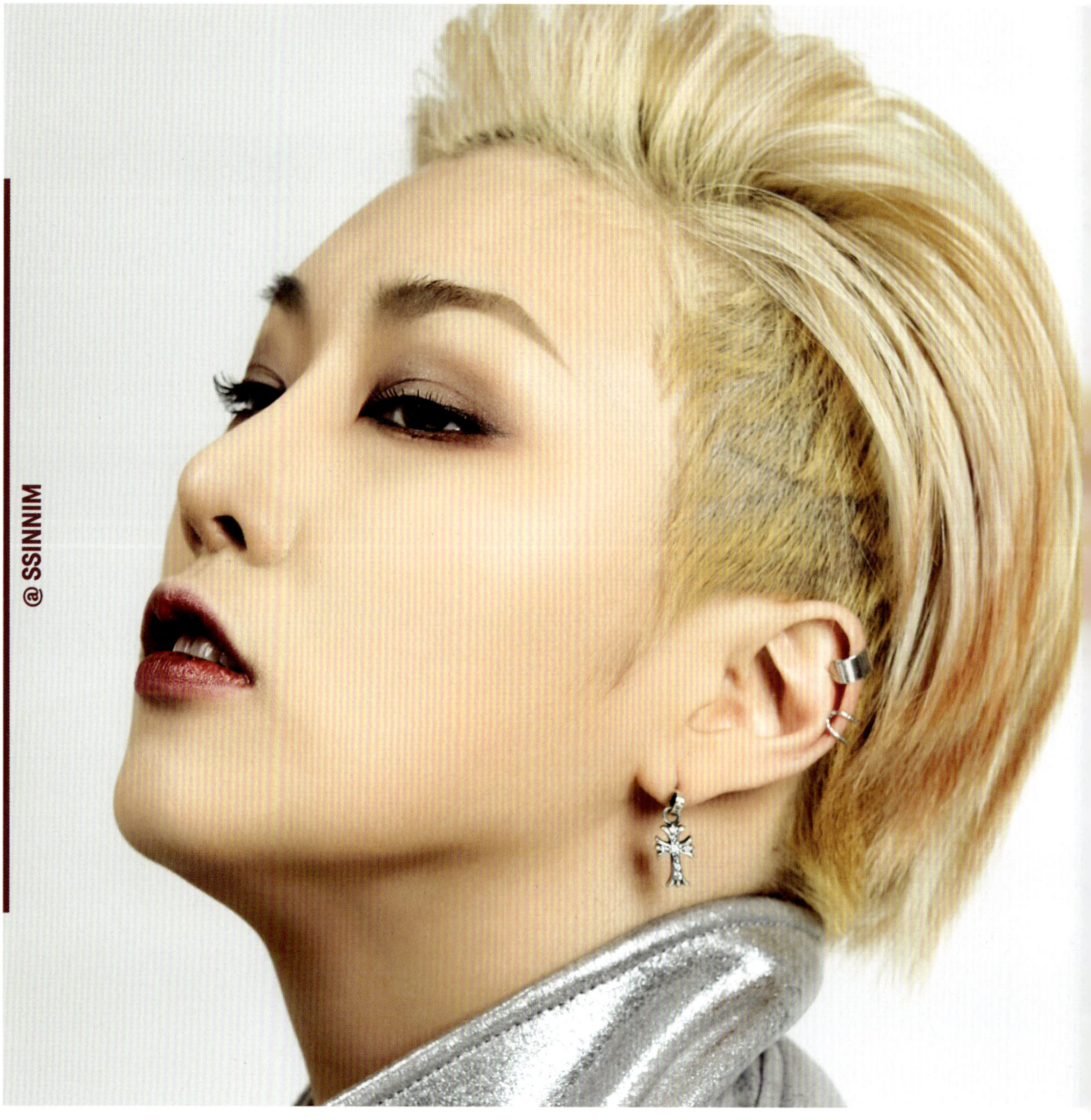

버건디 립스틱을 활용해 풀메이크업을 할 때는 컬러의 조화를 고려해야 해요. 베이지, 브라운 등의 뉴트럴이나 살짝 붉은빛이 도는 컬러를 기본으로 메이크업하고 버건디는 포인트 컬러로 사용해야 균형 있으면서 립도 돋보일 수 있지요. 바르는 방법 역시 중요해요. 버건디 립스틱을 입술 라인을 따라 정교하게 바르느냐 무심한 듯 툭툭 쳐서 바르느냐에 따라 분위기가 확 달라져요.

VAMPIRE MAKEUP

@ SSINNIM

피부를 창백하리만치 결점 없이 표현하고 영롱한
베이지와 레드브라운 컬러가 더해진 신비로운 눈매를
연출했어요. 완벽한 피부 표현을 위해 컬러코렉팅을
배워보아요. 컬러코렉팅이란 서로 반대되는 색을 섞어
무채색을 만드는 보색 원리를 이용해 피부톤을 정리하는
화장법이에요. 다크서클에는 오렌지, 광대와 턱 끝에는
살짝 밝은 라벤더, 홍조가 있는 코 주변에는 그린 컬러를
발라 컬러코렉팅 해요. 마무리로 버건디 립스틱을
안쪽으로 갈수록 진하게 바르면 묘하게 중성적이고
시크한 느낌의 메이크업이 완성돼요.

COSMETIC LIST

1517 구찌 임팩트 롱웨어 아이 펜슬 #110 아이코닉블랙

16 더샘 에코 소울 파워프루프 초슬림 아이라이너 #BK01 나이트블랙

20 베네피트 프리사이슬리 마이브로 펜슬 #02 라이트

18 슈에무라 페탈 래시 마스카라

0405 조르지오 아르마니 하이 프레시전 리터치 #3, #3.5

0910 구찌 마그네틱 컬러 섀도 쿼드 #020 투스칸스톰

08 구찌 룩스 피니싱 파우더 #20

14 슈에무라 아이래시 컬러 뷰러

22 어반디케이 바이스 립스틱 #섀임

07 리얼테크닉 미라클 스컬프팅 스펀지

11 웨이크메이크 16+ 컬러 봄브 아이즈 #01 블러시뱅

21 투쿨포스쿨 아트클래스 바이로댕

06 어퓨 베이스 메이커 #203 내추럴 베이지

010203 스틸라 올인원 코렉팅 팔레트

1213 언프리티랩스타 씬스틸러 프레임 섀도 컬렉션 #01 스크린셀러

19 언프리티랩스타 씬스틸러 아트필름 래시 #01 볼륨아이

COLOR LIST

01 오렌지 코렉터
02 밝은 피치 코렉터
03 그린 코렉터
04 피부와 비슷한 톤의 컨실러
05 피부보다 한 톤 밝은 컨실러
06 커버력이 좋은 파운데이션
07 스펀지
08 피부보다 한 톤 밝은 파우더
09 밝은 베이지 아이섀도

10 그레이 아이섀도
11 브라운 아이섀도
12 붉은빛이 도는 브라운 아이섀도
13 진한 붉은빛이 도는 브라운 아이섀도
14 뷰러
15 무른 제형의 블랙 펜슬 아이라이너

16 블랙 펜슬 아이라이너
17 팁 어플리케이터
18 블랙 마스카라
19 가운데 숱이 많은 인조속눈썹
20 브라운 아이브로 펜슬
21 피부보다 한 톤 어두운 섀딩
22 버건디 립스틱

BASE

01
오렌지 코렉터

02
밝은 피치
코렉터

03
그린 코렉터

01°
다크서클에는 1번, 광대와 턱 끝에는
2번, 코 주변처럼 홍조가 있는 부분에는
3번 하이라이터를 올려요.

04
피부와 비슷한
톤의 컨실러

05
피부보다 한 톤
밝은 컨실러

02°
스펀지로 얇게 펴발라요. 색이 은은하게
섞이면서 완벽한 베이스 메이크업을
위한 컬러코렉팅이 완성돼요.

03°
다크서클과 코 옆에는 4번 컨실러를
티존에는 5번 컨실러를 올려요.

04°
스펀지로 펴발라요. 1~2와 같이 컬러코렉팅을
한 뒤 컨실러를 바르면 얼룩이 보정되면서
피부톤이 깔끔하게 정리돼요.

06
커버력이 좋은
파운데이션

07
스펀지

08
피부보다 한 톤 밝은
파우더

05°
6번 파운데이션을 손가락으로
찍어 티존과 광대뼈, 턱 끝에 얇게
올려요.

06°
물에 불린 스펀지를 짠 뒤 펴발라요.
파운데이션을 촉촉하게 바를 수
있어요.

07°
8번 파우더를 브러시에 묻혀 얼굴
전체에 얇게 발라요. 파운데이션을
고정하는 과정이에요.

EYE

09
밝은 베이지 아이섀도

08°
9번 아이섀도를 브러시에 묻혀
눈두덩과 눈썹뼈 부분을 중심으로
발라요. 얼굴이 더 입체적으로 보여요.

10
그레이 아이섀도

09°
10번 아이섀도를 브러시에
묻혀 눈두덩에 퍼발라 음영을
넣어요.

11
브라운 아이섀도

10°
11번 아이섀도를 브러시에 묻혀요.
눈썹뼈 밑에 음영을 넣어 그레이
컬러와 자연스럽게 연결해요.

12
붉은빛이 도는 브라운
아이섀도

11°
12번 아이섀도를 브러시에 묻혀요.
언더라인 눈꼬리 쪽으로 갈수록
넓고 진하게 발라요.

13
진한 붉은빛이 도는
브라운 아이섀도

12°
13번 아이섀도를 섞어요. 끝이 날렵한
브러시에 묻혀 눈꼬리를 그려요.

14
뷰러

13°
뷰러로 속눈썹을 집어 뿌리부터 올려요.

15
무른 제형의 블랙
펜슬 아이라이너

14°
15번 펜슬 아이라이너로 속눈썹 사이와
점막을 채워요. 펜슬로 점막을 채울 때는
무른 제형을 사용해야 눈에 자극이 덜 가요.

16
블랙 펜슬
아이라이너

15°
16번 펜슬 아이라이너로 언더라인의 앞머리를
채워요. 눈두덩에 살이 많거나 무쌍꺼풀은
끝이 날렵한 펜슬을 사용하는 게 좋아요.

EYE

17
팁 어플리케이터

18
블랙 마스카라

16° 블랙 펜슬 아이라이너로 눈꼬리를 그린 뒤 뒤에 달린 팁 어플리케이터로 번지듯 펴발라요.

17° 떡떡한 인조모 브러시로 눈꼬리 주변 섀도가 뭉친 부분을 자연스럽게 펴발라요.

18° 18번 마스카라를 아랫속눈썹에 발라요.

19
가운데 숱이 많은
인조속눈썹

20
브라운 아이브로 펜슬

19° 19번 인조속눈썹을 통째로 붙여요.

20° 마스카라로 속눈썹과 인조속눈썹을 함께 발라요.

21° 20번 아이브로 펜슬로 눈썹산을 높고 얇게 그려요.

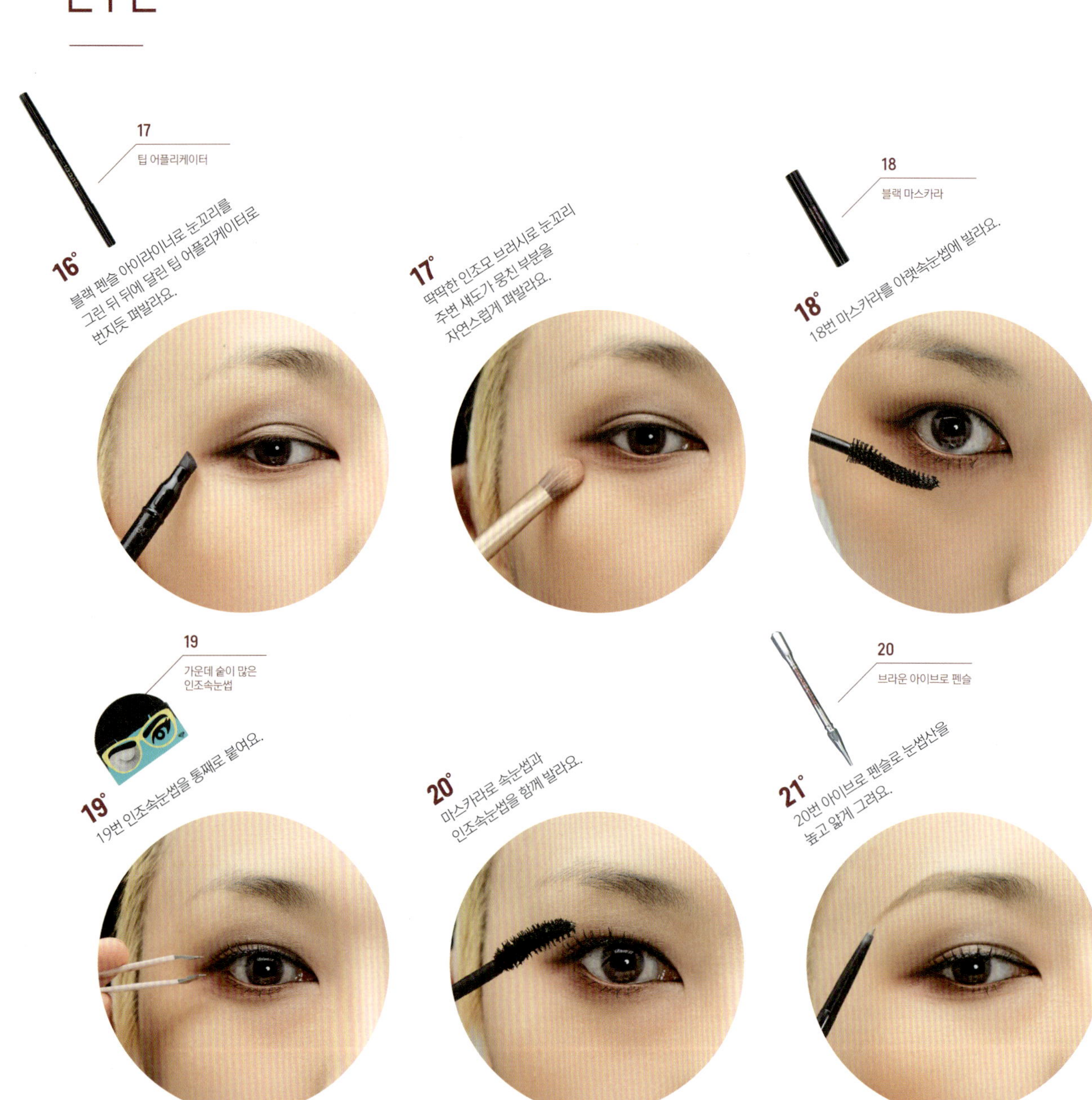

CONTOURING & LIP

21
피부보다 한 톤
어두운 섀딩

22°
21번 섀딩을 작고 날렵한 브러시에 묻혀요.
애교살 아래쪽에 발라 그림자를 만들어요.

23°
섀딩 파우더로 눈썹 앞머리부터 코뼈를
따라 쓸어요. 진한 음영을 만들어
그윽하고 강렬한 이미지를 연출해요.

24°
그대로 턱으로 이어 쓸어요. 광대뼈
아래쪽으로 진한 음영을 넣어요.

25°
입술 아랫부분도 입술선을 따라 쓸어요.
아랫입술이 도톰해 보이는 효과가 있어요.

22
버건디 립스틱

26°
버건디 립스틱을 안쪽으로 갈수록
진해지게 여러 번 덧발라요.

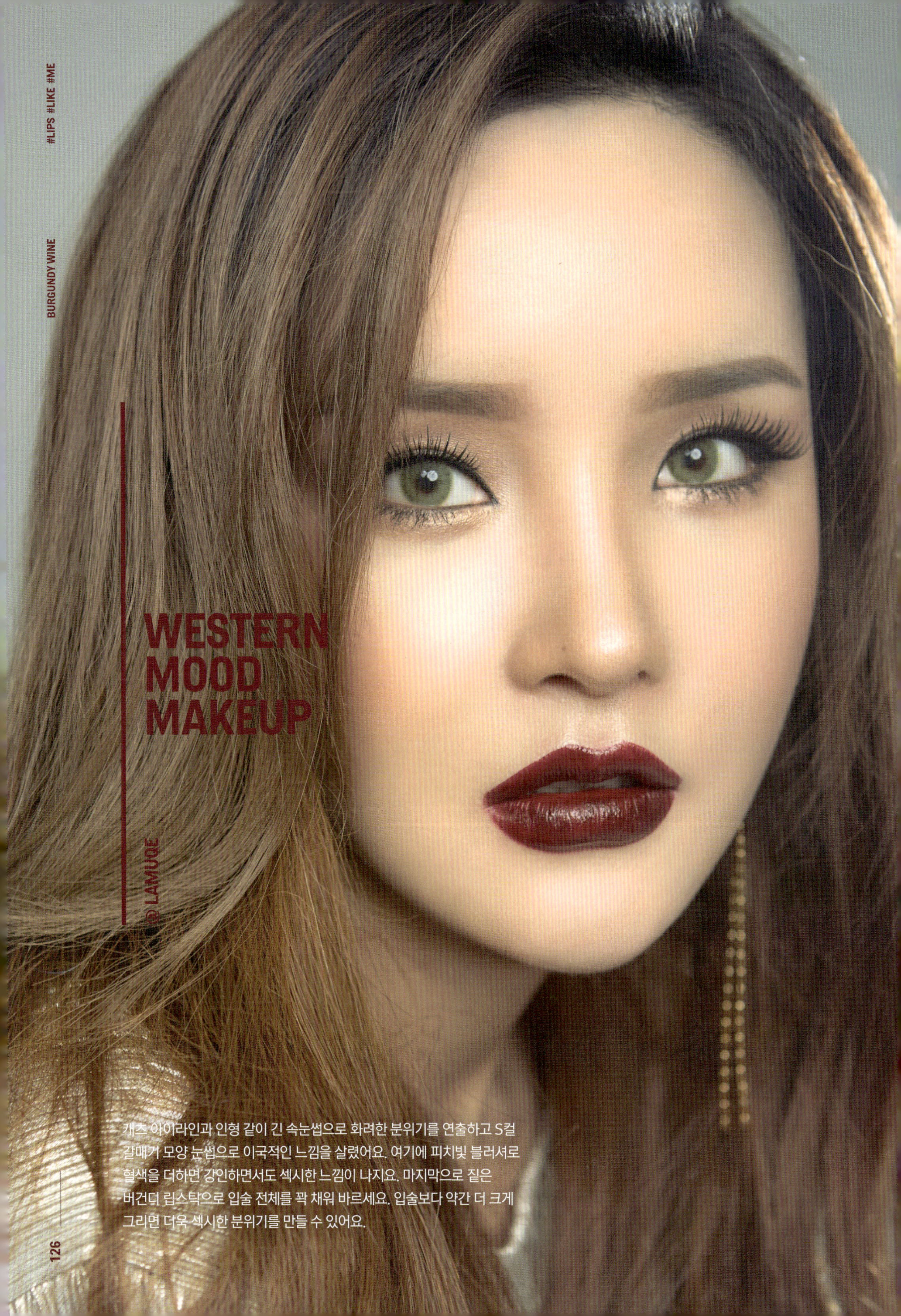

WESTERN MOOD MAKEUP

@ LAMUQE

캐츠 아이라인과 인형 같이 긴 속눈썹으로 화려한 분위기를 연출하고 S컬 갈매기 모양 눈썹으로 이국적인 느낌을 살렸어요. 여기에 피치빛 블러셔로 혈색을 더하면 강인하면서도 섹시한 느낌이 나지요. 마지막으로 짙은 버건디 립스틱으로 입술 전체를 꽉 채워 바르세요. 입술보다 약간 더 크게 그리면 더욱 섹시한 분위기를 만들 수 있어요.

COSMETIC
LIST

05 06 07 08 루나 아이팔레트 런웨이 시티 컬렉션 인 서울

15 크리니크 치크팝
#02 피치팝

10 VDL 페스티벌 래시 #04 스윙댄스

14 언프리티랩스타
씬스틸러 비하인더 씬

04 코지 커빙
아이래시 컬러

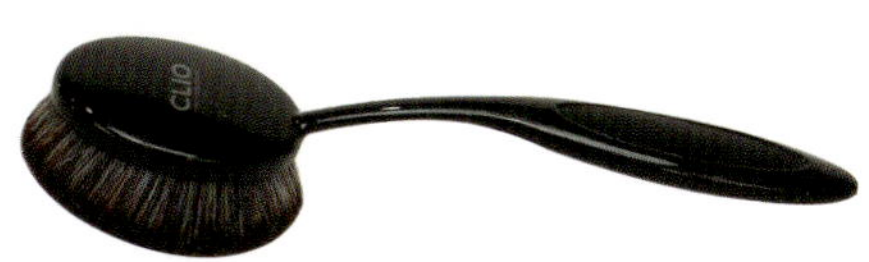

02 클리오 프로 플레이 마스터 브러시 #103

16 아워글라스
앰비언트
하이라이터

13 베네피트 프리사이슬리 마이 브로 펜슬 #03 미디엄

01 클리오 킬커버 컨실데이션 스틱 #3-BY 리넨

03 클리오 킬커버 프로 아티스트 스틱 컨실러 #03 리넨

17 어반디케이 바이스 립스틱 #셰임

11 듀오 속눈썹

09 토니모리 백젤
아이라이너 #01 블랙

12 크리니크 래시 파워
마스카라 #01 블랙오닉스

COLOR
LIST

01 내추럴 옐로 베이지 스틱
파운데이션

02 크고 넓으며 모가 부드러운
브러시

03 내추럴 옐로 베이지 컨실러

04 뷰러

05 붉은빛이 있는 홍차빛 음영
아이섀도

06 진한 브라운 아이섀도

07 은은한 펄감의 핑크빛 아이섀도

08 골드펄 아이섀도

09 블랙 젤 아이라이너

10 모가 뒤쪽으로 갈수록 길어지는
풍성한 인조속눈썹

11 길이가 13mm 정도로 긴 속눈썹

12 블랙 마스카라

13 브라운 아이브로 펜슬

14 애시톤이 섞인 섀딩

15 피치빛 블러셔

16 은은한 펄감의 하이라이터

17 진한 버건디 립스틱

BASE & EYE

01
내추럴 옐로 베이지
스틱 파운데이션

01˚
1번 스틱 파운데이션을 얼굴 안에서
바깥쪽으로 쭉쭉 그어요.

02
크고 넓으며 모가
부드러운 브러시

02˚
브러시로 2번 파운데이션을 펴발라
피부에 밀착시켜요. 모가 촘촘한 브러시를
사용해야 결이 남지 않아요.

03
내추럴 옐로
베이지 컨실러

03˚
3번 컨실러를 눈 주변 푸르스름한 부분과
다크서클에 올린 뒤 얇게 펴발라요.

04
뷰러

04˚
뷰러로 속눈썹을 꼼꼼히 집어
올려요.

05
붉은빛이 있는 홍자빛
음영 아이섀도

05˚
5번 아이섀도를 브러시에 묻혀
눈두덩과 애교살에 넓게 펴발라요.

06
진한 브라운 아이섀도

06˚
6번 아이섀도를 브러시에 묻혀요. 쌍꺼풀
근육을 잡아주듯 부드럽게 컷크리즈해요.

07˚
눈두덩에 섀도로 경계를 만들어 음영
효과를 주고 눈매가 깊어 보이게 하는
컷 크리즈 메이크업이에요.

07
은은한 펄감의 핑크빛
아이섀도

08˚
7번 아이섀도를 브러시에 묻혀 발라요. 눈두덩이
눈두덩 중앙에 발라요. 눈두덩이
윤기나고 입체감 있어 보여요.

08
골드펄 아이섀도

09˚
8번 아이섀도를 브러시에 묻혀 눈두덩과
애교살 하이라이트 부분에 발라요.

10°
고급스러운 반사광을 만들어
눈매가 볼륨 있어 보여요.

09
블랙 젤 아이라이너

11°
9번 젤 아이라이너로 눈 앞머리와
눈꼬리에는 아이라인을 넓게, 중앙은
가늘게 그려요.

12°
언더라인 속눈썹 뿌리 쪽은 완만한 S컬을
만들며 그려요.

13°
눈이 시원해 보이고 언더 S컬 라인이
섹시한 밑트임 효과를 줘요.

10
모가 뒤쪽으로 갈수록
길어지는 풍성한 인조속눈썹

14°
10번 인조속눈썹을 준비해요.
눈 길이에 맞게 앞부분을 잘라요.

15°
속눈썹 뿌리에 바짝 붙여요.

11
길이가 13mm
정도로 긴 속눈썹

16°
11번 인조속눈썹을 반으로 잘라
눈꼬리 쪽에 붙여요.

17°
눈꼬리로 갈수록 속눈썹이 길고
풍성해져 화려한 분위기가 나요.

12
블랙 마스카라

18°
12번 마스카라를 발라 속눈썹을
더 짙고 풍성하게 만들어요.

EYE & CONTOURING & CHEEK

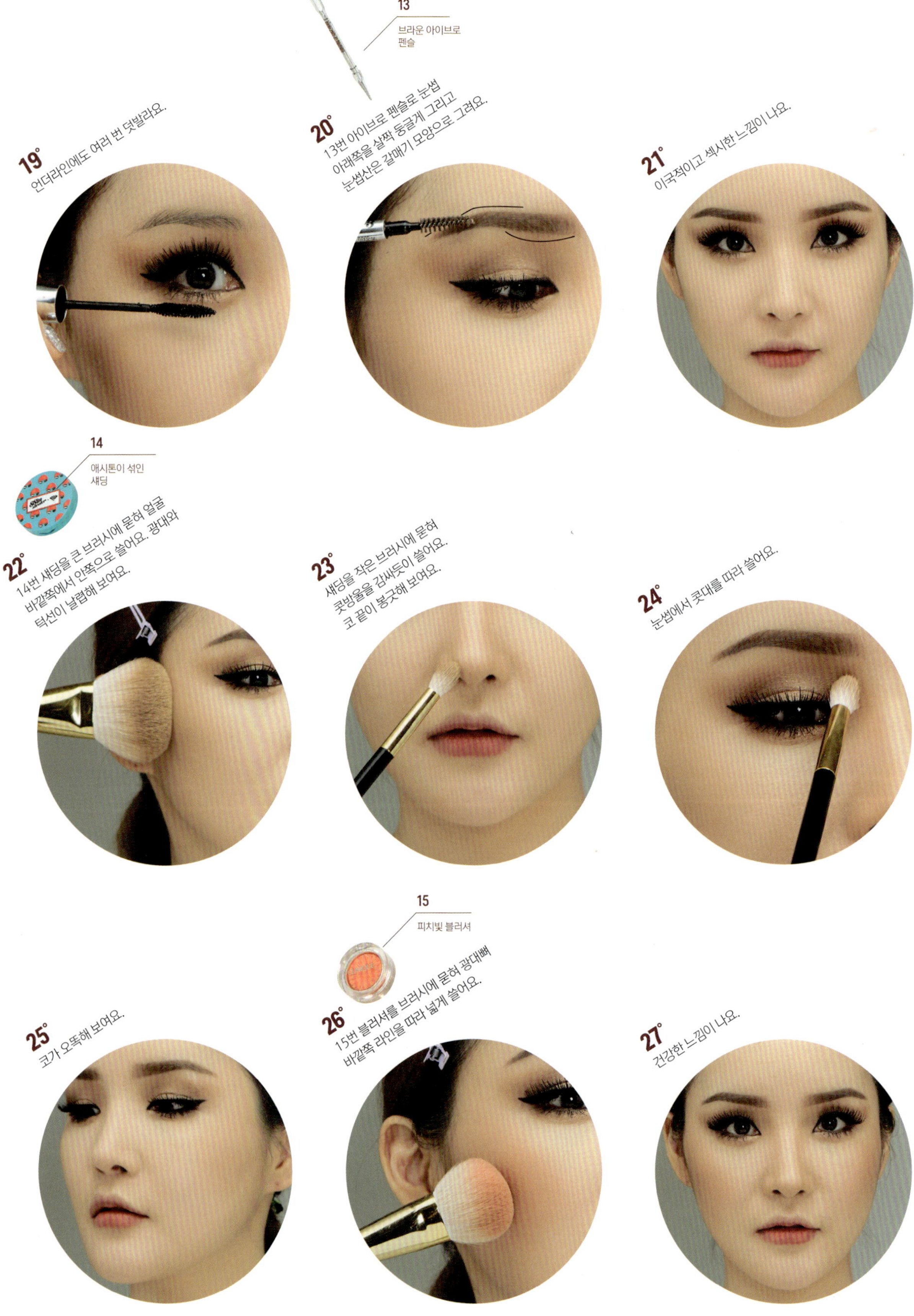

CONTOURING & LIP

Lip Color 10

PURPLE

묵직한 퍼플 컬러는 우아하고 고혹적인 여인을 떠올리게 하는 반면 라벤더나 연보랏빛은
들꽃처럼 사랑스럽고 소녀 같은 감성이 느껴지지요. 메이크업 역시 퍼플 립을 어떤 농도로
표현하느냐에 따라 상반된 느낌을 연출할 수 있어요.

PURPLE

CUTE MAKE UP

@ LAMUQE

은은한 펄감의 아이섀도를 눈두덩에 넓게 칠하고 퍼플과
핑크빛의 글리터 펄 아이섀도를 매치해 투명하게 반짝이는
신비한 눈매를 완성했어요. 립스틱을 바르기 전 립 버터로 입술을
촉촉하게 정리하고 입술 안쪽으로 갈수록 진해지는 그라데이션
립을 연출하면 장난스럽고 귀여운 느낌을 낼 수 있어요.

COSMETIC LIST

05 12 13 에뛰드하우스 원더 펀 파크 컬러
아이즈 #02 한밤의 퍼레이드

04 아리따움 모노아이즈
#79 진저파우더

01 이니스프리 노세범 코렉팅
쿠션 #01 복숭아피치

06 미슈블루밍
#09 누디브라운

10 클리오 킬브로 콘테 파우더 키트

03 이글립스 스틱 섀도 #05 비치

07 뻬아 라스트 펜 아이라이너 #02 샤픈브라운

15 이글립스 이지퀵 브러시 붓펜 라이너 #02 다크브라운

17 아워글라스 앰비언트
하이라이터

16 뻬아 라스트 블러시
#02 라벤더블라섬

08 코지 커빙
아이래시 킬러

18 록시땅 미니 퓨어 시어 버터

19 어반디케이 바이스
립스틱 #조브레커

09 14 페리페라 잉크 컬러 카라 볼륨세팅
#02 블랙에스프레소

11 페리페라 노즈업 섀딩 #02 엣지섀딩

02 클리오 누디즘 워터그립 쿠션 #04 진저

COLOR LIST

BASE & EYE

01
피치톤 코렉팅
쿠션

01° 1번 코렉팅 쿠션을 얼굴에 발라요.
피부를 화사하게 보정하는 효과가
있어요.

02
피부와 비슷한 톤의
쿠션 파운데이션

02° 2번 쿠션 파운데이션을 얼굴
전체에 얇게 발라요.

03
아이보리빛 펄감의 스틱
아이섀도

03° 3번 스틱 아이섀도를
눈두덩 전체에 올려요.

04° 손가락으로 펴바르며 정돈해요.
매끄럽게 빛나는 눈매를 표현할 수 있어요.

04
홍차색 아이섀도

05° 4번 아이섀도를 브러시에 묻혀
눈두덩에 넓게 발라 음영을 줘요.

05
퍼플빛 글리터 펄
아이섀도

06° 5번 아이섀도를 아이홀 안쪽 눈두덩에
올려요. 눈두덩이 더욱 반짝여 보여요.

06
모가 총총한 인조속눈썹

07° 6번 인조속눈썹을 붙여요.

07
브라운 펜 아이라이너

08° 7번 아이라이너로 속눈썹 라인을
따라 아이라인을 그려요. 눈꼬리는
살짝 아래로 빼요.

EYE & CONTOURING

09°
톡톡 튀는 느낌의 깔끔하고 귀여운
눈매가 완성되었어요.

08
뷰러

10°
뷰러로 속눈썹과 인조속눈썹을
함께 잡아 올려요.

09
브라운 마스카라

11°
9번 마스카라를 속눈썹에 발라요.
길고 또렷한 눈매가 완성돼요.

10
파우더 타입
아이브로 케이크

12°
10번 아이브로를 사선 브러시에
묻혀 끝이 깎인 일자 눈썹을 그려요.

09
브라운 마스카라

13°
9번 마스카라로 눈썹결대로 쓸어요.

14°
눈썹 앞머리가 더욱
풍성해졌어요.

11
피부보다 반 톤 어두운
내추럴 섀딩 리퀴드

15°
11번 스틱 섀딩으로 얼굴
라인을 따라 그린 뒤 퍼프로
두드려요.

16°
콧대와 콧방울도 모양을
따라 그려요.

17°
퍼프로 두드리면서
펴발라요.

EYE & CHEEK

18° 음영을 넣어 윤곽이 작고 입체적으로 보이는 효과가 있어요.

12 퍼플 아이섀도

19° 12번 아이섀도를 브러시에 묻혀요. 언더라인 삼각존과 속눈썹 라인을 따라 발라요.

13 핑크펄 아이섀도

20° 13번 아이섀도를 브러시 가운데까지 발라요. 언더라인 앞머리부터 애교살 가운데까지 발라요.

21° 애교살이 촉촉하게 빛나 보여요. 핑크빛이 돌아 여린 느낌이 들고 눈시울이 붉어 보이는 효과가 있어요.

14 브라운 마스카라

22° 14번 마스카라를 아랫속눈썹에 풍성하게 칠해요.

15 브라운 펜 아이라이너

23° 15번 아이라이너로 언더라인에 페이크 래시(가짜 속눈썹)를 그려요.

16 연한 파스텔톤 퍼플 블러셔

24° 16번 블러셔를 브러시에 묻혀 광대뼈 위쪽 C존과 45도 광대뼈와 이어지는 옆광대까지 발라요.

25° 눈꼬리부터 관자놀이까지 넓게 번지는 느낌으로 이어 발라요.

CONTOURING & LIP

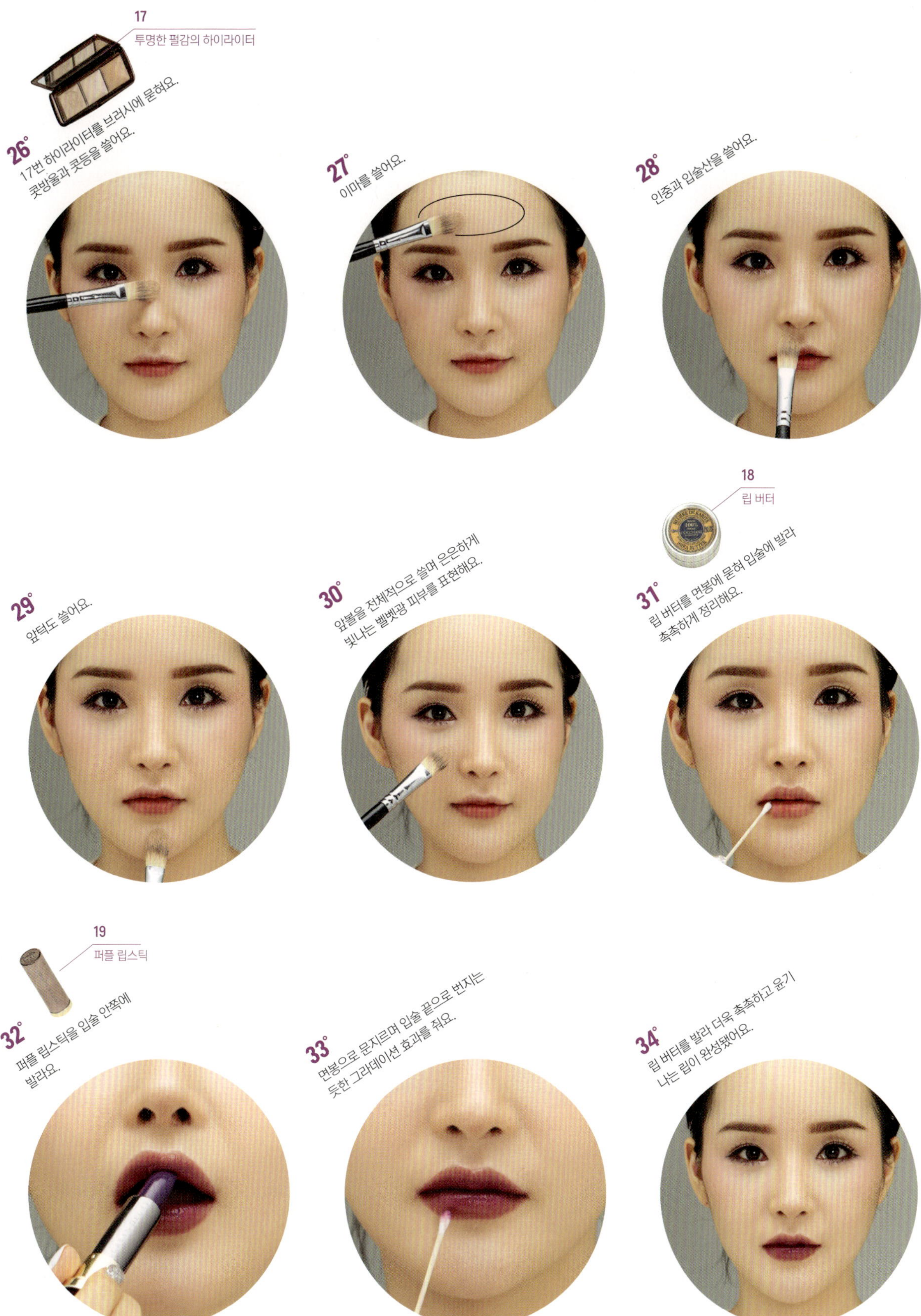

17 투명한 펄감의 하이라이터

26° 17번 하이라이터를 브러시에 묻혀요.
콧방울과 콧등을 쓸어요.

27° 이마를 쓸어요.

28° 인중과 입술산을 쓸어요.

29° 앞턱도 쓸어요.

30° 앞볼을 전체적으로 쓸며 은은하게
빛나는 벨벳광 피부를 표현해요.

18 립 버터

31° 립 버터를 면봉에 묻혀 입술에 발라
촉촉하게 정리해요.

19 퍼플 립스틱

32° 퍼플 립스틱을 입술 안쪽에
발라요.

33° 면봉으로 문지르며 입술 끝으로 번지는
듯한 그라데이션 효과를 줘요.

34° 립 버터를 발라 더욱 촉촉하고 윤기
나는 립이 완성됐어요.

CLUB
MAKEUP

과감한 스모키 아이와 레드 립을 기본으로 눈썹을
한 올씩 살려서 그려주면 고혹적인 느낌의 클럽
메이크업이 완성됩니다. 블러셔는 하지 않고 보송하고
결점 없는 피부 표현에 충실해 창백하고 신비로운
뱀파이어와 같은 분위기를 연출했어요.

COSMETIC LIST

06 07 10 19 투쿨포스쿨 글램락 베일드 씬
#01 미스테리어스

25 더페이스샵 싱글 블러시
#BR01 더스트로즈

08 12 에스티로더 섬추어스 넉아웃 아이섀도
팔레트 #설트리 누드

05 09 클레드포보테 푸드르
트랑스파랑트 트렌스루센트
루즈 파우더

23 로라메르시에 페이스
일루미네이터 파우더 어딕션

13 슈에무라 아이래시
컬러 뷰러

24 언프리티랩스타 씬스틸러 비하인더 씬

03 리얼테크닉 미라클 스펀지

17 클리오 컬링 업 뷰러

26 어반디케이 립스틱 바이스
#조브레이커

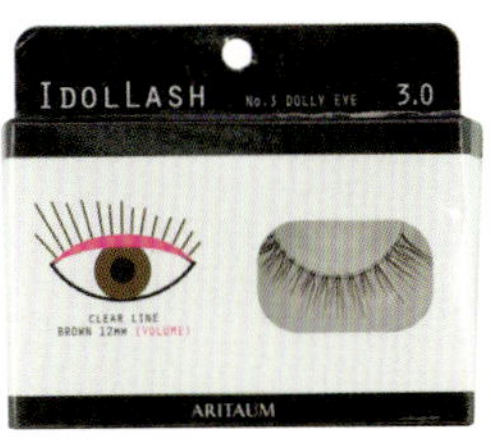

16 아리따움 아이돌래시 베이식
#03 돌리아이

02 투페이스드 본디스웨이 파운데이션 #포슬린

01 클레드포보테 코렉퇴르 비자쥬 컨실러 #아몬드

15 클리오 워터프루프 펜 라이너 킬블랙 #01 블랙

22 언프리티랩스타 씬스틸러 롱테이크 브로카라 #05 밍키헤드

11 20 이니스프리 섀도 펜슬 #01 눈꽃 결정체

14 더샘 에코 소울 파워프루프 초슬림 아이라이너 #BK01 나이트블랙

18 슈에무라 페탈 래시 마스카라

04 메이블린 핏미 컨실러 #15 페어

21 네이처리퍼블릭 아이브로 #소프트브라운

COLOR LIST

BASE

01 피부와 비슷한 톤의 컨실러

01° 1번 컨실러를 다크서클과 코, 입 주변의 착색한 부분에 올려요. 너무 밝은 컬러를 사용하면 회색빛이 돌고 떠 보일 수 있어요.

02° 컨실러를 스펀지로 얇게 펴발라요. 다크서클이 커버되면서 화장이 벌써 끝난 것처럼 깔끔해요.

02 피부보다 한 톤 밝은 파운데이션

03° 2번 파운데이션을 손가락에 덜어 얼굴 군데군데 올려요.

03 부드러운 스펀지

04° 물에 불린 스펀지를 짠 뒤 파운데이션을 펴발라요. 스펀지를 물에 불려서 사용하면 파운데이션을 촉촉하게 바를 수 있어요.

04 채도가 높고 옐로빛이 많이 가미된 컨실러

05° 4번 컨실러를 눈 아래에 넓게 펴발라요. 두껍게 바르는 게 포인트예요.

05 피지 잡는 투명 파우더

06° 턱 라인에도 넓고 두껍게 펴발라요.

07° 5번 파우더를 브러시에 잔뜩 묻혀 컨실러 위에 올려요. 5~7은 '베이킹'이라는 방법이에요. 컨실러가 마르기 전에 파우더를 올려서 베이킹해요.

08° 5~7과 같이 턱에도 파우더를 올려요. 역으로 턱 라인을 강조해요.

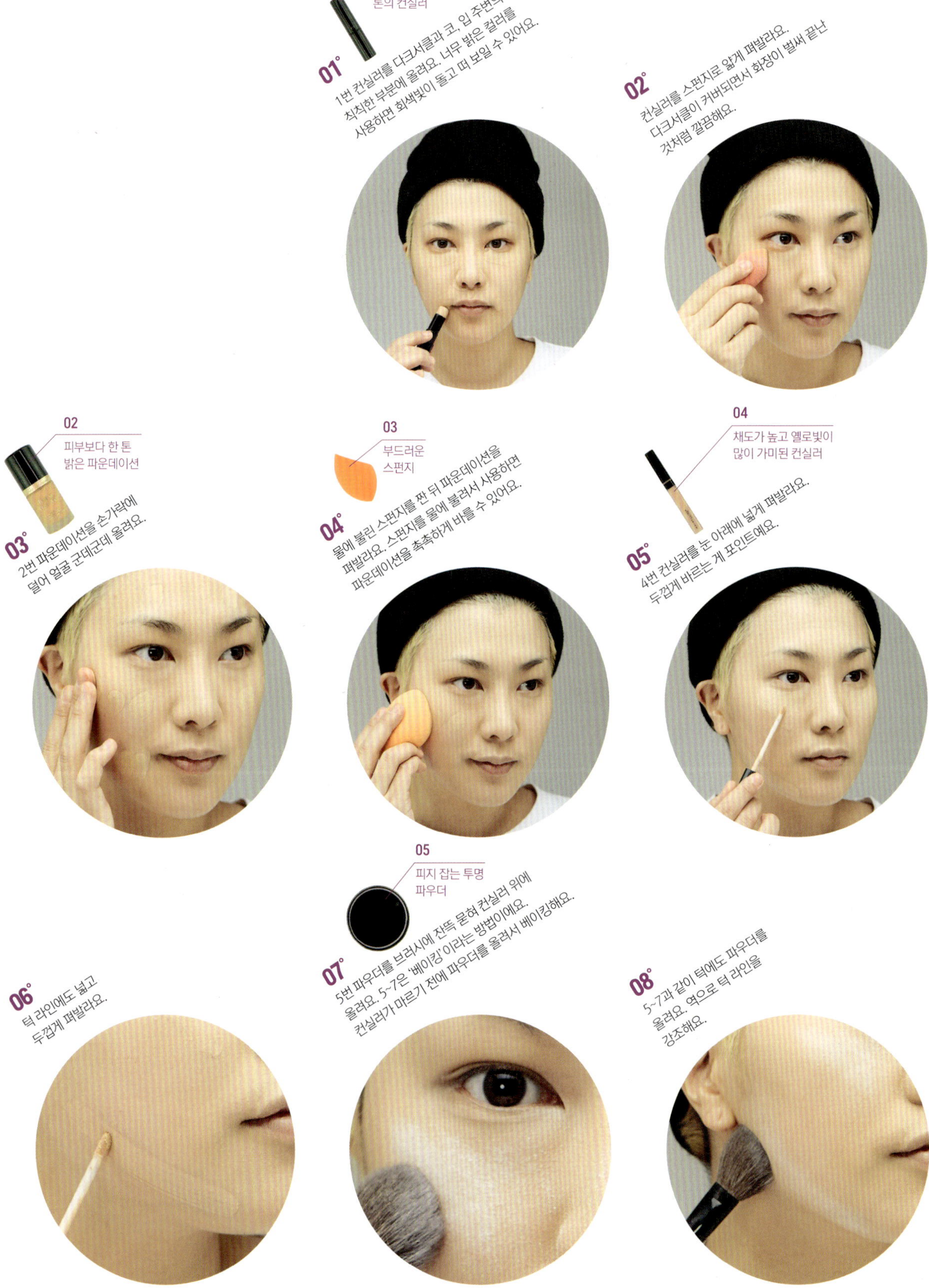

EYE

06 밝은 아이보리빛 시머 아이섀도

09° 파우더가 베이킹될 때까지 그대로 두고 눈 화장을 시작해요. 6번 아이섀도를 손가락에 묻혀 눈두덩에 발라요.

07 회갈색 아이섀도

10° 7번 아이섀도를 브러시에 묻혀 눈두덩에 발라요.

08 어두운 보랏빛이 도는 회색 아이섀도

11° 8번 아이섀도를 브러시에 묻혀요. 눈 앞머리와 눈꼬리 부분에 발라 음영을 줘요.

12° 9번 파우더를 브러시에 묻혀 얼굴에 남은 잔여 파우더를 털어내면 완벽하게 보송한 피부가 돼요.

10 보라색 아이섀도

13° 10번 아이섀도를 브러시에 묻혀 눈두덩 중앙부터 바깥쪽으로 은은하게 펴발라요.

11 화이트 펜슬 아이라이너

14° 11번 펜슬 아이라이너로 언더라인 점막을 채워요. 흰자가 커 보이면서 반짝이는 느낌을 낼 수 있어요.

12 브라운 아이섀도

15° 12번 아이섀도를 브러시에 묻혀 눈꼬리 쪽으로 언더라인에 발라요. 갈수록 많이 발라요.

16° 베이지 아이섀도를 애교살에 발라 포인트를 줘요.

13 뷰러

17° 뷰러로 속눈썹을 집어 올려요.

EYE

14
블랙 펜슬
아이라이너

18° 14번 펜슬 아이라이너로 속눈썹 사이
점막을 채워요.

15
블랙 리퀴드
아이라이너

19° 15번 리퀴드 아이라이너로 속눈썹 윗부분
라인을 그린 뒤 눈꼬리를 길게 빼요.

16
볼륨감 있고 화려한
인조속눈썹

20° 16번 인조속눈썹을 통째로 길게
붙여 볼륨감을 더해요.

17
뷰러

21° 뷰러로 속눈썹과 인조속눈썹을 함께 집어
올려요. 뿌리 쪽에 너무 가깝게 잡으면
인조속눈썹이 떨어지니 주의해요.

22° 면봉을 불로 살짝 달궈요.

23° 후후 불면서 살짝 식혀요.

24° 아랫속눈썹에 대고 아래 방향으로
발려요. 방향을 잡기 위해 고데기를
하는 과정이에요.

18
블랙 마스카라

25° 18번 마스카라로 아랫속눈썹을 한올
한올 바르며 코팅해요.

26° 그대로 윗쪽 속눈썹도 뿌리부터 발라요.

EYE & CONTOURING & CHEEK & LIP

19 투톤 스파클링 아이섀도

27° 19번 아이섀도를 손가락에 묻혀요. 눈두덩 중앙에 발라 입체감을 줘요.

20 굵은 글리터의 화이트 펜슬 아이라이너

28° 20번 펜슬 아이라이너를 언더라인에 몇 조각 발라 포인트를 줘요.

21 붉은빛이 도는 브라운 아이브로 펜슬

29° 21번 아이브로 펜슬로 눈썹을 날렵하게 그려요.

22 브라운 아이브로 마스카라

30° 레드 브라운 눈썹에 맞춰 아이브로 마스카라를 발라요.

23 시머 펄 베이지 하이라이터

31° 23번 하이라이터를 팬 브러시에 묻혀요. C존에 발라 하이라이트를 넣어요.

24 붉은빛이 약간 도는 자연스러운 그림자색 섀딩

32° 24번 섀딩을 큰 브러시에 묻혀 얼굴 외곽을 쓸고 적고 플러피한 브러시에 묻혀 콧대에 올려요.

25 채도가 낮은 브라운에 가까운 핑크 블러셔

33° 25번 블러셔를 브러시에 묻혀 광대 바깥쪽 위주로 쓸어 은은하게 발라요.

26 퍼플 립스틱

34° 퍼플 립스틱을 입술선보다 약간 더 크게 발라요.

Best
Item

#LIPS #LIKE #ME

씬님 & 라뮤끄
인생템 공개

· 클렌징
· 데일리 케어
· 스페셜 케어
· 메이크업

Best Item

@ SSINNIM

1 클렌징

클렌저

가성비 좋은 제품. 진주알만큼 손바닥에 덜어낸 뒤 문지르면 부드럽고 고운 크림 거품이 생겨요. 쫀쫀한 거품으로 얼굴에 부드럽게 마사지하면서 클렌징해보세요.

시세이도 센카 퍼펙트휩 N 클렌징폼

오일

메이크업을 자주 해 자극이 적은 오일을 선호합니다. 슈에무라 클렌징 오일 초록색은 라이트해 지성이나 산뜻한 세안을 원하는 사람에게 추천해요. 오일 클렌저는 대부분 수성이라 물로 헹구면 하얗게 녹아 비누나 폼클렌저로 다시 씻어내지 않아도 돼요. 미끌거린다고 이중 세안을 자주 하면 피부가 건조해질 수 있어요. 오일만 쓰는 대신 물로 여러 번 부드럽게 헹궈주세요.

슈에무라 포어피니스트 프레시 클렌징 오일 초록색

립앤아이 리무버

직업상 매번 진한 화장을 하고 이것저것 닦아내다 보니 리무버는 일주일에 거의 한 통을 비워요. 리무버를 고를 때 기준은 첫째는 저렴한 것, 둘째는 안구에 자극이 없는 것이에요. 베스트 리무버를 찾겠다고 로드숍 20곳을 드나든 적이 있어요. 구매해 하나하나 테스트해봤는데 눈이 따끔거리지 않고, 세정력과 가격 면에서 가장 좋은 점수를 받은 리무버예요. 집에 쟁여놓고 15통째 꾸준히 쓰고 있어요.

바닐라코 잇 프레시 립앤아이 리무버

2 데일리 케어

스킨 토너

'귀차니즘'이 강해 어플리케이터가 편한 제품을 선호해요. 스킨 토너 역시 미스트 타입을 즐겨 쓰고 분사력이 좋은 제품을 주로 찾게 되네요. 베스트는 슈에무라의 미스트, '저렴이'로는 이니스프리의 미스트를 추천해요.

슈에무라 딥씨워터 미스트, 이니스프리 제주 탄산미네랄 미스트

크림

키엘은 아이덴티티와 콘셉트에 반해 자주 찾는 브랜드예요. 거의 대부분의 제품을 써봤다고 해도 무방한데 그중 베스트는 안티에이징 라인의 크림이에요. 가격 대비 보습력이 뛰어나 가을, 겨울에 효과를 톡톡히 봤어요. 바른 뒤 답답하거나 끈적이지 않아 얼굴에 뭘 바르는 걸 싫어하는 동생도 매번 이 크림을 덜어가곤 했어요. 여름에 쓰면 너무 리치한 감이 있지만 건성 피부에는 특히 좋은 제품이에요.

키엘 수퍼 멀티 코렉티브 크림

에센스

자주 사용하진 않지만 생각날 때마다 일주일에 두세 번씩, 모공이 큰 코와 양볼에 주로 펴발라요. 어느 정도 개선 효과는 있는 것 같아요.

키엘 프리시전 리프팅 & 포어타이트닝 컨센트레이트

선크림

선크림을 고를 때 기준은 '얼마나 답답하지 않은가'예요. 자외선으로부터 피부를 보호하는 것도 중요하지만 다음 단계에 올릴 베이스 메이크업이 밀리거나 피부가 들뜨면 곤란하니까요. 로션처럼 빠르게 밀착되는 선크림은 키엘과 랑콤 제품이 베스트였어요. 로드숍 중에서는 백탁현상이 없고 빠르게 밀착되는 어퓨의 선크림을 추천해요.

어퓨 퓨어블록 데일리 선크림, 키엘 울트라 라이트 데일리 UV 디펜스 선스크린, 랑콤 UV 엑스퍼트 유스 실드

3 스페셜 케어

필링 & 스크럽

굳이 제품을 구매하기보다
흑설탕이나 곡물가루로 민감한 눈
주변을 피해 부드럽게 문지른 뒤
씻어내요. 라뮤끄 언니의 축복의
가루는 각질케어에 도움이 되고
자극이 적어 편하게 쓸 수 있어요.
저처럼 건성피부에 너무 잦은
필링은 오히려 독이므로 겨울에는
한 달에 두 번, 여름에는 일주일에
한 번 정도 각질케어를 해요.

라뮤끄 축복의 가루

팩

시트팩을 고르는 포인트는
시트의 밀착력이에요. 수분이
날아가도 들뜨지 않고 피부에
붙어 있어야 최적의 효과를
내니까요. 아이소이의 팩은
성분도 좋고 시트가 굉장히 얇아
얼굴에 밀착이 잘돼요.

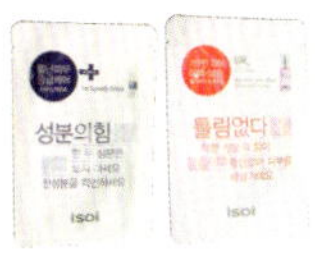

아이소이
마스크팩

기능성 에센스

지난겨울 입 주변이 허옇게
일어나고 붉게 트러블이 올라오는 등
생전 처음 건선으로 인한 트러블을
겪었어요. 나이 탓을 하던 저를
구제해준 건 바로 이 페이셜 오일!
잠들기 전에 소량 손에 덜어
가장 건조한 부분 위주로 바르고
아침에 일어나면 허연 각질이 많이
잠재워져 있더라고요. 가격이
'헉' 소리 나지만, 피부를 위해
투자했어요!

바비브라운 엑스트라
페이스 오일

4 메이크업

메이크업베이스

피부에 전체적으로 수분감을 더해
화장이 잘 받는 촉촉한 상태를
만드는 베이스예요. 특히 핑크
컬러는 노랗고 칙칙한 피부에
옅은 혈색을 더해 톤 보정에도
효과적이지요.

슈에무라 스테이지
퍼포머 블락 부스터
#프레시 핑크

프라이머

이 프라이머를 바르고 피부를
만지면 손이 마치 미끄럼틀처럼
미끄러지는 느낌을 받을
수 있어요. 위에 컨실러나
파운데이션을 펴바를 때도
뭉치지 않고 저절로 퍼지는 듯한
느낌이 들어요. 아주 소량으로도
드라마틱한 효과를 볼 수 있고
밀림이 없어요.

입생로랑 뚜쉬 에끌라
블러 프라이머

파운데이션

파운데이션은 피부 타입과 선호하는
마무리감에 따라 굉장히 호불호가
갈리는 아이템이지요. 딱 한 가지를
추천한다면, 일명 에스티로더
더블웨어의 '저렴이'라 불리우는
VDL의 퍼펙팅래스트 파운데이션이에요.
조금 두껍게 발리는 감이 있지만
커버력과 수분감이 평균 이상이고
가성비도 뛰어나요. 더 촉촉하고 얇게
바르고 싶다면 물에 적신 스펀지를
사용하고 커버력과 윤기를 강조하고
싶다면 파운데이션 전용 브러시 혹은
마른 스펀지로 바르세요.

VDL 퍼펙팅 래스팅
파운데이션

Best Item

@ SSINNIM

컨실러

고백하자면 컨실러는 거의 병적으로 수집하고 있어요. 나스의 리퀴드 컨실러, 캔메이크의 팔레트 컨실러, 메이블린의 핏미 등 추천할 만한 제품도 많고 브랜드별 제형과 컬러를 일일이 나열할 만큼 잘 알고 있는 카테고리이지요. 단 하나의 컨실러를 추천하라면 '넘사벽'은 역시나 클레드포보테의 스틱 컨실러. 가격은 '미친' 7만 원대지만 커버력과 밀착력을 생각하면 100개를 뒤져서라도 꺼내게 되는 제품이에요. 립 라인을 자연스럽게 가리는 데도 탁월한 효과를 볼 수 있어요.

클레드포보테 코렉퇴르 비자주

파우더

아쉽게도 국내에서는 구할 수 없지만 최근 3개월간 가장 손이 많이 간 제품이에요. 무엇보다 밀착력이 좋아 마치 포토샵으로 블러 효과를 준 듯 얼굴이 뽀얗게 표현돼요. 50호 정도라면 평균 23호 피부를 가진 여성에게 잘 어울릴 만한 색이니 해외여행을 계획한 친구가 있다면 바짓가랑이를 잡고 구매대행을 부탁해보세요.

구찌 룩스 피니싱 파우더 파우더 #50

아이브로

아이브로는 해외 브랜드인 아나스타샤와 베네피트의 극세사 브로를 즐겨 써요. 두 브랜드 모두 회색과 벽돌색, 노란기가 살짝 도는 묘한 브라운 컬러를 잘 뽑아내지요. 그러나 구매가 어렵고 가격이 비싸기 때문에 쉽게 구할 수 있는 로드숍 제품을 소개해요. 네이처리퍼블릭에서 찾은 제품으로 특히 3호는 검은머리의 동양인이 사용했을 때 가장 부드러운 인상을 주는 눈썹 컬러예요.

네이처리퍼블릭 극세사 브로 펜슬 #03 소프트브라운

아이라이너

펜슬 아이라이너는 경도가 중요해요. 제형이 너무 딱딱하면 점막 등을 채울 때 자극이 심하고 덧바르면 오히려 닦이거나 부러지고 눈주름이 딸려가 선이 똑바로 그려지지 않을 수 있어요. 그렇다고 너무 무르면 원하는 두께보다 더 두꺼워지거나 속눈썹 사이사이에 크레파스 찌꺼기처럼 낄 수 있어요. 더샘의 초슬림 펜슬 아이라이너는 딱 중간 경도로 마르지 않아 꽤 오래 쓰고 얇아서 잘못 그릴 일도 없어요.

더샘 펜슬 아이라이너

마스카라

모가 짧고 숱이 매우 없는 속눈썹을 가지고 있어서 마스카라는 엄격하게 골라요. 볼륨과 롱래시 기능을 동시에 가지고 있고 솔 모양도 깔끔해서 다른 부분에 묻지 않는 마스카라를 선호해요. 이 마스카라는 롱래시 면에서 최고이며 깃털처럼 가벼워 잘 처지지 않아요. 볼드한 느낌의 아이래시를 선호하면 약하다고 느낄 수 있어요.

키스미 히로인 메이크 롱앤컬 마스카라

하이라이터

만든 사람으로서 추천하는 제품! 이 팔레트의 블러셔 구성 중 가장 왼쪽에 있는 하이라이터는 나를 스쳐지나간 많은 하이라이터의 장점만 뽑아 구상했어요. 얼음판 같이 매끄럽게 빛나면서 너무 피부톤과 동떨어져 보이지 않는 컬러가 특징이지요. 함께 들어 있는 블러셔와 궁합도 뛰어나요.

투쿨포스쿨 글램락 베일드씬 (씬님 에디션)

블러셔

단델리온의 매력은 굉장하지요. 연하게 발색하면 여리여리하고 청순한 소녀처럼 보이고 발색을 높이면 무겁고 분위기 있는 느낌이 나요. 동양인 피부에 가장 자연스럽고 무난하게 올라가는 색이에요.

베네피트 단델리온

섀딩

사실 자체 제작한 씬스틸러 비하인더 씬을 추천하고 싶었지만 아쉽게도 단종이라 차선책을 소개해요. 붉은 브론저 같은 섀딩밖에 존재하지 않았던 몇 년 전 섀딩 시장에서 자연스러운 옐로빛 그림자색의 트렌드를 가져온 제품이지요. '믿거나 말거나'지만 제 유튜브 채널에 소개된 뒤 100만개가 팔렸다나 뭐라나!

투쿨포스쿨 아트클래스 바이로댕 섀딩

립라이너

립라이너를 그리는 트렌드는 지난 지 오래라 다양한 색의 립라이너는 찾기 힘들지만 미샤의 립라이너는 라이너 역할보다는 립스틱으로써의 역할을 톡톡히 해요. 저렴한 가격에 예쁜 색이 많이 있으니 구경해보세요.

미샤 실키래스팅 립 펜슬

립밤

끈적한 글로스보다는 부드럽고 매끈한 립밤을 선호하는 편이에요. 저렴하고 보습력 갑인 이 립밤은 반드시 두세 개씩 소장해야 하는 아이템이에요.

더페이스샵 아몬드 립밤

스펀지

가장 중요한 건 역시나 경도! 스펀지가 딱딱하면 부분적으로는 커버력 있게 바를 수 있지만 파운데이션을 얼굴 전체에 펴바를 때는 아주 불쾌해요. 너무 부드러우면 파운데이션의 양 조절이 어렵고 금방 형태가 망가져서 오래 쓰지 못해요. 추천한 3가지를 당장 구매해서 써보면 추천 이유를 피부로 느낄 수 있을 겁니다!

아임미미 아임퍼프 메이크업 스펀지, 리얼테크닉 스펀지, 다이소 화장퍼프 (일명 똥퍼프)

브러시

붓을 다룰 때 불편한 점을 아주 섬세하고 명확하게 개선했다는 사실에 소름이 돋을 정도였어요. 언더의 삼각존을 정확히 채울 수 있게 브러시 끝이 면밀하고 브러시 뒤쪽을 뾰족하게 만들어 눈꺼풀 등을 살짝 들어줄 때 편리하게 만들었지요. 제대로 된 메이크업을 할 준비가 되었다면 비싸더라도 풀 세트 구매를 추천해요.

정샘물 브러시 세트

뷰러

뷰러도 사람 눈 모양에 따라 호불호가 명확하지요. 로드숍에서 찾아낸 3가지 베스트 뷰러예요. 적은 힘으로도 컬링이 잘되고 특히 앞쪽과 뒤쪽에 있는 짧은 속눈썹까지 잘 잡아낼 수 있어요.

네이처리퍼블릭, 미샤, 스킨푸드 뷰러

Best Item

@ LAMUQE

1 클렌징

클렌저

호호바 오일을 주로 쓰는데 천연 오일은 시중 클렌징 오일과 다르게 물과 섞였을 때 오일이 녹아내리지 않아 꼼꼼히 문지른 후에 천연비누로 세안하면 트러블을 방지할 수 있어요. 포인트 메이크업은 순한 립앤아이 리무버를 사용해 먼저 닦아내고 피부 타입에 맞는 오일로 메이크업 제품을 녹여주세요. 천연 클렌징 오일을 만들려면 자신에게 맞는 성분이나 제품을 찾아야 하니 귀찮을 수 있어요.

피부에 휴식을 준다는 생각으로 정성들여 클렌징을 해주면 건강한 피부를 얻을 수 있어요. 갑작스레 난 좁쌀여드름이 고민이거나 환절기에 피부가 예민해지는 편이라면 클렌징 워터를 추천해요. 클렌징 워터를 화장솜에 묻혀 메이크업 잔여물이 나오지 않을 때까지 부드럽게 닦아내고 천연비누를 사용해 세안하면 트러블에 효과적이에요.

호호바 오일

2 데일리 케어

스킨 토너

스킨 토너는 메이크업 잔여물을 닦아내는 동시에 수분을 보충하는 단계라고 생각해요. 그래서 자극이 적고 수분감이 많은 제품을 고르지요. 장미워터, 라벤더워터 등 식물 추출 100% 워터를 주로 사용해요.

라드롬 로즈 워터
오가닉 플로럴 워터

크림

데이크림으로 닥터지의 일명 '장벽크림'을 즐겨 사용해요. 피부에 수분을 채워주면서 표면을 코팅하듯 감싸 시간이 지나도 피부가 건조해지지 않아요. 좋다는 아이크림은 다양하게 사용해보는 편이에요. 겨울에는 얼굴 전체에 아이크림을 바르기도 해요. 주름에 효과가 있는 레티놀, AHA 성분이 들어 있는지 확인하고 고르지요. 날씨가 많이 건조하면 천연 호호바 오일로 마무리해줘요.

닥터지 배리어
액티베이터 크림
(민감건성용)

페이스 오일

데이케어를 심플하게 하면서 밤에는 요일별, 계절별 혹은 피부상태별로 제품들을 추가해서 관리해요. 가장 기본적으로 나이트케어에 추가되는 제품은 스킨 토너 후 바르는 수분 오일이에요. 스킨 토너를 바르고 바로 수분 오일을 흡수시키면 피부에 유수분 밸런스를 맞춰주어 피부 상태가 좋아져요.

아이오페 골든 글로우
페이스 오일

에센스

수분크림을 바른 뒤 탄력 에센스를 발라 피부주름이나 처짐을 예방해요. 이때 피부를 아래에서 위로 강하게 쓸면서 바르면 더 효과적이에요. 여름과 가을에 비타민C 함량이 높은 에센스 제품을 사용하면 햇볕에 손상된 피부를 맑게 개선해주는 효과가 있어요. 또한 수분이 많이 부족할 때는 히알루론산 함량이 높은 세럼을 사용해요. 트러블이 생겼을 때는 제품을 2~3개 이내로만 사용해 단계를 최대한 줄이고 수분 케어에 집중하세요.

뉴스킨 에이지락
트루페이스
에센스 울트라

3 스페셜 케어

필링 & 스크럽

특별히 각질케어를 하지 않아도
클렌징만으로 각질관리가 되도록
클렌징을 할 때 곡물가루를 자주
사용해요. 일주일에 2~4번
사용하고 있는데 정성들여 해야
하기 때문에 바쁠 때는 AHA
성분의 각질제거제를 사용해요.

곡물가루

주름 탄력 관리

주름과 탄력이 고민일 때 갈바닉
기기로 마사지해줘요. 얼굴이
울퉁불퉁해 보이거나 턱살이
늘어났거나 턱에 살이 붙었을 때
고주파 마사지를 하면 라인을
정리하는 데 도움이 돼요.
고가지만 몸에도 사용할 수
있어 셀룰라이트나 바디라인을
정리할 때도 활용해요. 바르는
제품으로는 뉴스킨 페이스
에센스를 추천해요.

뉴스킨 에이지락 트루
페이스 에센스 울트라

화이트닝

저는 기기를 좋아해서 화이트닝
케어를 할 때도 비타민C 25%
함유의 에센스를 초음파 기기를
사용해 발라준답니다. 초음파
기기를 사용하면 피부 속까지
흡수되어 효과가 월등히
높아요. 꾸준히 하면 안색이
맑아지고 잡티나 흉터가 많이
옅어질 거예요. '귀차니즘'인
분들을 위해 추천하는 제품은
얼굴에 쓰는 LED 마스크예요.
하루 10분만 얼굴에 쓰고
있으면 피부 속부터 맑아지고
잡티나 홍조가 개선되거든요.

디씨엘 하이포텐시 C
스케이프 세럼 25, LED
마스크

4 메이크업

모공 프라이머

깊게 파인 모공이 고민이라면
추천! 요철이 있는 피부를
매끄럽게 만들어주고 여러 겹
덧발라도 뭉치거나 밀리지 않아요.

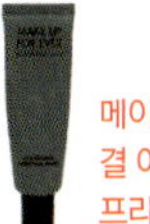

메이크업포에버 STEP1
결 이퀄라이저 스무딩
프라이머

스킨 프라이머

국소 요철 부위가 아닌
피부에 전체적으로 바르는
프라이머예요. 얼굴에 바르면
시머한 광이 더해지면서
매끄럽고 윤기 나는 고급스러운
피부가 돼요. 촉촉한 타입으로
피부결이 쫀쫀해져서
파운데이션도 예쁘게 발려요.

톰포드 일루미네이터
프라이머

메이크업베이스

피부톤과 결을 한 번에
보정해주는 제품으로 하나만
발라도 피부톤이 예뻐져요.
얇게 발리고 피부에 착 붙는
촉촉한 제형으로 고급스러운
피부 표현을 할 수 있어요.

랑콤 라 베이스
프로 이드라 글로우

Best Item

@ LAMUQE

컨실러

다양한 톤의 컨실러가 담긴 팔레트로 잡티, 홍조, 다크서클을 커버할 수 있어요. 커버력도 좋고 촉촉하게 발려서 메이크업이 들뜨지 않아요.

정샘물 아티스트 컨실러 팔레트 #스킨

파우더

투명한 타입의 노세범 파우더는 커버력은 없지만 피부를 투명한 벨벳 느낌으로 표현해주고 보송보송하게 마무리된답니다. 파운데이션 위에 파우더를 바르면 메이크업이 무너지지 않고 모공을 자연스럽게 커버해 복숭아 같은 피부로 만들어줘요. 메이크업포에버의 파우더는 아주 얇게 커버되는 타입으로 피부가 답답하지 않아요. 브러시로 바르면 가볍고 투명하게 표현되고, 퍼프로 바르면 도자기 같은 무결점 피부가 된답니다.

이니스프리 노세범 미네랄 파우더 / 메이크업포에버 파우더

아이브로

튜브에 들어 있는 젤타입 아이브로로 눈썹 사이사이를 완벽하게 메울 수 있고 덧발라도 뭉치거나 지워지지 않아요. 색상 그대로 선명하게 발색되고 워터프루프에 지속력 또한 좋아 가장 선호하는 제품이에요. 얇은 사선 브러시를 사용하면 깔끔하고 샤프하게 그릴 수 있어요. 원하는 모양을 완벽하게 표현할 수 있을 거예요.

메이크업포에버 워터프루프 아이브로 코렉터

아이라이너

아주 진한 블랙 펜 라이너로 발색이 선명해요. 펜 라이너는 투명하게 발리거나 레이어링을 하면 지워지는 제품이 많은데 그런 현상이 전혀 없이 완벽하게 발린답니다.

삐아 라스트 펜 라이너 #블랙

아이섀도

팔레트 하나로 섀도는 물론 아이라인까지 그릴 수 있는 제품이에요. 아래 3가지 진한 컬러는 물을 묻힌 브러시에 묻혀 바르면 젤 타입 아이라이너로 변신한답니다. 발색이 정말 잘되고 음영을 주기 좋은 컬러가 다양한 톤으로 구성되어 있어 여러 가지 조합을 해볼 수 있고 데일리로 사용하기 좋아요. 그윽한 애시브라운 계열로 고급스럽고 시크한 분위기를 내고 싶을 때 추천해요.

바비브라운 초콜릿 아이팔레트

마스카라

발색력이 뛰어나고 속눈썹이 풍성해 보이면서 깔끔하게 표현되는 마스카라예요. 컬러 마스카라는 대부분 발색력이 약한 편인데 이 제품은 발색이 정말 선명해요. 컬링 유지력도 좋고 워터프루프라 쉽게 번지거나 지워지지 않아요.

페리페라 잉크 컬러 카라

하이라이터

피부에 투명하게 반짝이는 부드러운 광을 더해주는 고급스러운 하이라이터예요. 발색이 좋아서 바르면 피부가 자연스럽고 화사해 보여요. 하이라이터를 발랐다기보다 '피부가 예쁘게 반짝인다'는 느낌을 주는 것이 장점이지요. 대부분 하이라이터를 바르면 피부 요철이 부각되는데 이 제품은 오히려 피부가 매끈해 보여요.

아워글라스 앰비언트
하이라이터

블러셔

시머한 광이 더해진 블러셔로 색상이 모두 예쁘고 고급스러워요. 가루 날림이 없고 컬러가 피부에 스미는 듯 밀착되어 건강하고 자연스럽게 표현된답니다.

크리니크 치크팝

섀딩

리퀴드 제형의 쿠션봉 타입 섀딩이에요. 컬러감이 음영을 표현하기 자연스럽고 블렌딩이 잘되어 바르기 편해요. 쿠션봉이 달려 있어서 수정 화장할 때도 유용하고 밀리거나 들뜸 없이 발색되어 피부 표현이 자연스러워요.

페리페라 노즈업 섀딩

립라이너

진한 땅콩색 립라이너예요. 옅은 립스틱을 바르기 전에 립라인을 그리면 라인을 또렷하고 자연스럽게 표현할 수 있어요. 단독으로 발라도 독특하면서도 분위기 있는 색이지요. 그라데이션 립을 연출할 때 입술 윤곽을 먼저 잡아주면 입매가 흐트러져 보이지 않아요.

맥 립 펜슬

립스틱

레드 립스틱을 너무 좋아해서 톤별로, 채도별로, 색감별로, 제형별로 많이 갖고 있어요. 그중에서 클래식 레드 립스틱을 하나만 꼽으라면 바로 이 제품! 고급스럽고 분위기 있고 스타일리시하고 섹시하고 깨끗한 느낌까지! 완벽한 레드 컬러랍니다. 클래식한 레드의 정석이라고 할 수 있을 컬러로 피부에 상관없이 잘 어울리는 색상이에요.

어반디케이 바이스
립스틱 #레드

립글로스

탱글탱글 쫀득해 보이는 틴트형 글로스예요. 주름 없이 매끈한 입술을 만들어 섹시하고 건강해 보여요. 글로스 타입은 발색력이 약한 편인데 이 제품은 글로스의 장점은 그대로 있으면서 발색이 선명하고 지속력도 좋아요.

맥 버시컬러 스테인

Best Item

@ LAMUQE

틴트

미끄러지듯 발리는 부드러운 발림의 벨벳 틴트예요. 보송한 입술 표현으로 차분하면서도 화사한 봄 느낌을 완벽하게 표현해주는 제품이에요. 착색도 발리는 색 그대로 되고 지속력이 좋아 데일리로 추천해요.

페리페라 잉크 더 에어리 벨벳 #최애쁨템

스펀지

딱 바르는 순간 '뭐지?' 하는 기분이 들 정도로 말캉말캉한 질감이 피부를 착착 감싸며 쫀쫀하고 촉촉하게 표현해주는 퍼프예요. 물을 적셔 사용하면 피부의 열감을 내려주어 메이크업이 잘 받게 도와주면서 정말 얇고 고르게 피부 표현을 할 수 있어요. 마른 상태로 사용하면 커버력을 높여주어 깨끗하고 쫀쫀한 피부 표현을 할 수 있지요. 몇 개씩 쟁여놓고 써야 할 제품이에요.

올리브영 촉촉퍼프

브러시

지금까지 사용해본 브러시 중에 단연 최고예요. 제품을 소량만 사용해도 발색이 잘되고 밀림 없이 깨끗하게 표현된답니다. 부드러우면서도 가벼운 모의 터치감이 뛰어나고 브러시 형태별, 사이즈별로 딱 알맞게 제작되어 버릴 게 없어요.

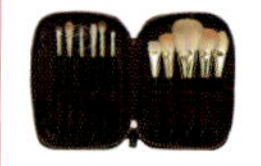

톰포드 브러시

뷰러

완만한 곡률의 아몬드형 눈을 가지고 있어서 많이 휘어진 제품이나 둥근 제품을 사용하면 눈꺼풀 살이 집히는 편이에요. 저에게 딱 맞는 뷰러를 하나만 꼽으라면 코지 뷰러를 꼽아요! 곡률이 완만해서 잘 집히지 않는 앞뒤 속눈썹도 방향을 틀어서 집으면 완벽하게 컬링할 수 있어요.

코지 커빙 아이래시 컬러

Thank You!

1판 1쇄 인쇄 2017년 4월 21일
1판 1쇄 발행 2017년 5월 1일

지은이 김보배·박수혜
사장 김재호 | **발행인** 임채청
편집인 허엽 | **출판국장** 박성원
출판팀장 이기숙
기획·편집 정세영
디자인 에브리리틀씽(every little thing)
사진 김태현
교정 조창원
마케팅 이정훈·정택구·박수진
펴낸곳 동아일보사 | **등록** 1968.11.9(1-75)
주소 서울시 서대문구 충정로 29(03737)
마케팅 02-361-1030~3 | **팩스** 02-361-1041
편집 02-361-0936
홈페이지 http://books.donga.com
인쇄 삼성문화인쇄

ISBN 979-11-87194-38-5 13590   값 14,800원

이 도서의 국립중앙도서관 출판예정도서목록(CIP)은 서지정보유통지원시스템
홈페이지(http://seoji.nl.go.kr)와 국가자료공동목록시스템(http://www.nl.go.kr/kolisnet)에서
이용하실 수 있습니다.(CIP제어번호: CIP2017009952)